"十四五"高等教育课程改革新形态教材

U0162900

化工专业综合与设计实验

主　编　熊碧权

副主编　曹　帆　许俊东　罗北平

特配电子资源

- 配套资料
- 拓展阅读
- 交流互动

南京大学出版社

图书在版编目(CIP)数据

化工专业综合与设计实验 / 熊碧权主编. —南京：
南京大学出版社，2022.12
ISBN 978 - 7 - 305 - 26314 - 9

Ⅰ. ①化… Ⅱ. ①熊… Ⅲ. ①化学工程－实验 Ⅳ.
①TQ02－33

中国版本图书馆 CIP 数据核字(2022)第 227316 号

出版发行 南京大学出版社
社　　址　南京市汉口路 22 号　　　　　邮　编　210093
出 版 人　金鑫荣
书　　名　**化工专业综合与设计实验**
主　　编　熊碧权
责任编辑　刘　飞　　　　　　　编辑热线　025 - 83592146
照　　排　南京南琳图文制作有限公司
印　　刷　南京玉河印刷厂
开　　本　787×1092　1/16　印张 9.25　字数 215 千
版　　次　2022 年 12 月第 1 版　2022 年 12 月第 1 次印刷
ISBN 978 - 7 - 305 - 26314 - 9
定　　价　34.00 元

网址：http://www.njupco.com
官方微博：http://weibo.com/njupco
官方微信号：njupress
销售咨询热线：(025) 83594756

前　言

　　化学工程与工艺是一个实践性很强的工科专业,旨在培养具有深厚的理论基础、较强的动手实践能力以及应用专业知识解决复杂工程问题的高级专门人才。专业实验教学环节是学生实现专业理论学习与实际应用的重要方式之一。专业实验教学环节可以训练、引导学生,在培养学生动手能力、观测能力、查阅资料能力、思维能力、表达能力和分析问题、解决问题的能力方面起着至关重要的作用,是培养具有开拓精神和创造能力的高素质工程技术人才的重要途径之一。

　　本书在编写过程中,不仅依靠我院化学工程与工艺专业长期办学所积累的经验,同时也注意学习国内其他兄弟院校的先进实验教学经验。全书首先介绍了化工专业实验所涉及的基本知识,为学生在正式开展实验前打下良好的基础;其次考虑实验安排,涵盖了化工专业背景而设置的化工热力学、化学反应工程、化工分离工程与化工工艺学等方面的实验项目。为突出本专业特色,增加了精细化学品合成实验,此外,通过设置设计型创新实验,学生可根据自己的兴趣和能力进行选择,并针对实验要求提出具体实验方案,再进行实验设计并搭建实验装置,最后完成实验数据的采集、处理与分析。

　　本书在内容选取上充分体现了依托实验教学平台的特点,以综合实验技能、化工前沿领域与学科交叉的知识为主线,增加了综合性实验和设计型实验的比重,注重学生工程能力的培养,将工程观念融入实验教学的各个环节,能够拓展学生的视野,培养学生的工程观念、创新能力、实践动手能力和应用所学的化工理论知识分析、解决工程实际问题的能力。

　　《化工专业综合与设计实验》由湖南理工学院熊碧权主编,曹帆、许俊东、罗北平为副主编。各章节的编写分工为熊碧权:第2章2.1、2.4,第3章3.4,第6章6.2、6.4、6.5,第7章7.1;曹帆:第1章1.1,第2章2.2,第3章3.5,第4章4.1、4.3、4.4、

4.5,第 7 章 7.3、7.4、7.5;许俊东:第 2 章 2.3,第 5 章 5.1、5.2、5.3、5.4、5.5,第 6 章 6.1、6.3,第 7 章 7.2;罗北平:第 1 章 1.2,第 3 章 3.1、3.2、3.3,第 4 章 4.2。在编写过程中,湖南理工学院化学化工学院唐课文院长、许文苑副院长提出了许多宝贵的建议;教材的出版得到了湖南理工学院教务处、湖南理工学院化学化工学院的大力支持,在此一并深表谢意!

本教材可作为本科化学工程与工艺专业实验用书,也可作为其他相关专业的选修教材或参考书,还可供相关工程技术和研发人员参考。

由于编者水平有限,加之编写时间仓促,书中难免会出现疏漏,恳请有关专家和读者批评指正,我们将不胜感激。

编　者

2022 年 9 月

目　录

第1章 化工专业实验基本知识

1.1 专业实验的设计与数据处理

化工专业实验是初步了解、学习和掌握化学工程科学实验研究方法的一个重要实践性环节。专业实验不同于基础实验,其实验目的不仅是验证一个原理、观察一种现象或寻求一个普遍适用的规律,而是有针对性地解决一个具有明确工业背景的化学工程问题。因此,在实验的组织和实施方法上与科研工作十分类似,也是从查阅文献、收集资料入手,在尽可能掌握与实验项目有关的研究方法、检测手段和基础数据的基础上,通过对项目技术路线的优选、实验方案的设计、实验设备的选配、实验流程的组织与实施来完成实验工作,并通过对实验结果的分析与评价获取最有价值的结论。化学工程与工艺专业实验的组织与实施原则上可分为三个阶段,第一是实验方案的设计,第二是实验方案的实施,第三是实验结果的处理与评价。

一、专业实验的数据处理方法

物理实验中测量得到的许多数据需要处理后才能表示测量的最终结果。对实验数据进行记录、整理、计算、分析及拟合等,从中获得实验结果和寻找物理量变化规律或经验公式的过程就是数据处理。它是实验方法的一个重要组成部分,是实验课的基本训练内容。本章主要介绍列表法、作图法、图解法、逐差法和最小二乘法。

(一) 列表法

列表法就是将一组实验数据和计算的中间数据依据一定的形式和顺序列成表格。列表法可以简单明确地表示出物理量之间的对应关系,便于分析和发现资料的规律性,也有助于检查和发现实验中的问题,这就是列表法的优点。设计记录表格时要做到:

(1) 表格设计要合理,以利于记录、检查、运算和分析。

(2) 表格中涉及的各物理量,其符号、单位及量值的数量级均要表示清楚。但不要把单位写在数字后。

(3) 表中数据要正确反映测量结果的有效数字和不确定度。列入表中的除原始数据外,计算过程中的一些中间结果和最后结果也可以列入表中。

(4) 表格要加上必要的说明。实验室所给的数据或查得的单项数据应列在表格的上部,说明写在表格的下部。

(二) 作图法

作图法是在坐标纸上用图线表示物理量之间的关系,揭示物理量之间的联系。作图法既简明、形象、直观,又便于比较研究实验结果,它是一种最常用的数据处理方法。

作图法的基本规则是:

(1) 根据函数关系选择适当的坐标纸(如直角坐标纸、单对数坐标纸、双对数坐标纸、极坐标纸等)和比例,画出坐标轴,标明物理量符号、单位和刻度值,并写明测试条件。

(2) 坐标的原点不一定是变量的零点,可根据测试范围加以选择。坐标分格最好使最低数字的一个单位可靠数与坐标最小分度相当。纵、横坐标比例要恰当,以使图线居中。

(3) 描点和连线。根据测量数据,用直尺和笔尖使其函数对应的实验点准确地落在相应的位置。一张图纸上画上几条实验曲线时,每条图线应用不同的标记如"＋""×""•""Δ"等符号标出,以免混淆。连线时,要顾及数据点,使曲线呈光滑曲线(含直线),并使数据点均匀分布在曲线(直线)的两侧,且尽量贴近曲线。个别偏离过大的点要重新审核,属过失误差的应剔去。

(4) 标明图名,即做好实验图线后,应在图纸下方或空白的明显位置处,写上图的名称、作者和作图日期,有时还要附上简单的说明,如实验条件等,使读者一目了然。作图时,一般将纵轴代表的物理量写在前面,横轴代表的物理量写在后面,中间用"～"连接。

(5) 最后将图纸贴在实验报告的适当位置,便于教师批阅实验报告。

(三) 图解法

在物理实验中,实验图线作出以后,可以由图线求出经验公式。图解法就是根据实验数据作好的图线,用解析法找出相应的函数形式。实验中经常遇到的图线是直线、抛物线、双曲线、指数曲线、对数曲线。特别是当图线是直线时,采用此方法更为方便。

1. 由实验图线建立经验公式的一般步骤

(1) 根据解析几何知识判断图线的类型;

(2) 由图线的类型判断公式的可能特点;

(3) 利用半对数、对数或倒数坐标纸,把原曲线改为直线;

(4) 确定常数,建立起经验公式的形式,并用实验数据来检验所得公式的准确程度。

2. 用直线图解法求直线的方程

如果作出的实验图线是一条直线,则经验公式应为直线方程。

$$y = kx + b$$

要建立此方程,必须由实验直接求出 k 和 b,一般用斜率截距法。

在图线上选取两点 $P_1(x_1, y_1)$ 和 $P_2(x_2, y_2)$,注意不得用原始数据点,而应从图线上直接读取,其坐标值最好是整数值。所取的两点在实验范围内应尽量彼此分开一些,以减小误差。由解析几何知,上述直线方程中,k 为直线的斜率,b 为直线的截距。k 可以根据两点的坐标求出。其截距 b 为 $x=0$ 时的 y 值;若原实验中所绘制的图形并未给出 $x=0$ 段直线,可将直线用虚线延长交 y 轴,则可量出截距。如果起点不为零,求出斜率和截距的数值代入方程中就可以得到经验公式。

　　3. 曲线改直,曲线方程的建立

　　在许多情况下,函数关系是非线性的,但可通过适当的坐标变换化成线性关系,在作图法中用直线表示,这种方法叫做曲线改直。作这样的变换不仅是由于直线容易描绘,更重要的是直线的斜率和截距所包含的物理内涵是我们所需要的。例如:

　　(1) $y=ax^b$,式中 a、b 为常量,可变换成 $\lg y=b\lg x+\lg a$,$\lg y$ 为 $\lg x$ 的线性函数,斜率为 b,截距为 $\lg a$。

　　(2) $y=ab^x$,式中 a、b 为常量,可变换成 $\lg y=(\lg b)x+\lg a$,$\lg y$ 为 x 的线性函数,斜率为 $\lg b$,截距为 $\lg a$。

　　(3) $pV=C$,式中 C 为常量,要变换成 $p=C(1/V)$,p 是 $1/V$ 的线性函数,斜率为 C。

　　(4) $y=x/(a+bx)$,式中 a、b 为常量,可变换成 $1/y=a(1/x)+b$,$1/y$ 为 $1/x$ 的线性函数,斜率为 a,截距为 b。

　　(5) $s=v_0t+at^2/2$,式中 v_0,a 为常量,可变换成 $s/t=(a/2)t+v_0$,s/t 为 t 的线性函数,斜率为 $a/2$,截距为 v_0。

　　【例 1-1】　在恒定温度下,一定质量的气体的压强 p 随容积 V 而变,画 $p\sim V$ 图。由函数关系,可得一曲线,如图 1-1-1 所示。

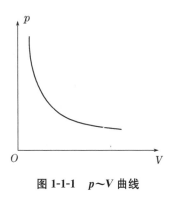
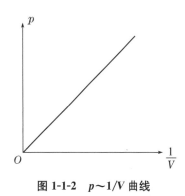

图 1-1-1　$p\sim V$ 曲线　　　　　　　　图 1-1-2　$p\sim 1/V$ 曲线

　　用坐标轴 $1/V$ 置换坐标轴 V,则 $p\sim 1/V$ 图为一直线,如图 1-1-2 所示。直线的斜率为 $pV=C$,即玻-马定律。

　　(四) 用最小二乘法作直线拟合

　　作图法虽然在数据处理中是一个很便利的方法,但在图线的绘制上往往会引入附加误差,尤其在根据图线确定常数时,这种误差有时很明显。为了克服这一缺点,在数理统计中研究直线拟合问题(或称一元线性回归问题),常用一种以最小二乘法为基础的实验数据处理方法。由于某些曲线的函数可以通过数学变换改写为直线,例如对指数函数取对数,则函数关系就变成直线型了。因此这一方法也适用于某些曲线型的规律。

二、专业实验的设计方法

实验研究可分为实验设计、实验实施、收集整理和分析实验数据等步骤。实验设计是影响研究成功与否最关键的一个环节,是提高实验质量的重要基础。实验设计是在实验开始之前,根据某项研究的目的和要求,制定实验研究进程计划和具体的实验实施方案。其主要内容是研究如何安排实验、取得数据,然后进行综合的科学分析,从而达到尽快获得最优方案的目的。如果实验安排得合理,就能用较少的实验次数,在较短的时间内达到预期的实验目的;反之,实验次数既多,其结果还往往不能令人满意。实验次数过多,不仅浪费大量的人力和物力,有时还会由于时间拖得太长,使实验条件发生变化而导致实验失败。因此,如何合理安排实验方案是值得研究的一个重要课题。

目前,已建立起许多实验设计方法,下面通过以下几种方法进行探究。

(一) 单因素实验设计

在其他因素相对一致的条件下,只研究某一个因素效应的实验,就叫单因素实验。常用的单因素实验设计方法有黄金分割法、分数法、交替法、等比法、对分法和随机法等。单因素实验不仅简单易行,而且能对被实验因素作深入研究,是研究某个因素具体规律时常用而有效的手段。同时还可结合生产中出现的问题随时布置实验,求得迅速解决。单因素实验由于没有考虑各因素之间的相互关系,实验结果往往具有一定的局限性。

单因素实验只研究一个因素的效应,制定实验方案时,根据研究的目的要求及实验条件,把要研究的因素分成若干水平,每个水平就是一个处理,再加上对照(有时就是该因素的零水平)就可以了。

(二) 多因素实验设计

研究两个以上不同因素效应的实验,称为多因素实验。多因素实验设计方法有正交实验设计、均匀实验设计、稳健实验设计、完全随机化设计、随机区组实验设计、回归正交实验设计、回归正交旋转实验设计、回归通用旋转实验设计、混料回归实验设计、D-最优回归设计等,其中最基础的、在各领域应用最广泛的多因素实验设计方法是正交实验设计、均匀实验设计、回归正交实验设计以及回归正交旋转实验设计。多因素实验克服了单因素实验的缺点,其结果能较全面地说明问题。

但随着实验因素的增多,往往容易使实验过于复杂庞大,反而会降低实验的精确性。处理数目与实验种类、排列方法、要求的精确程度有关,应以较少的处理解决较多问题,因此,多因素实验一般以 2—4 个实验因素较好。下面具体来探究一下。

1. 正交实验设计

对于单因素或两因素实验,因其因素少,实验的设计、实施与分析都比较简单。但在实际工作中,常常需要同时考察 3 个或 3 个以上的实验因素,若进行全面实验,则实验的规模将很大,往往因实验条件的限制而难于实施。正交实验设计就是安排多因素实验、寻求最优水平组合的一种高效率实验设计方法。利用正交表,适用于多因素实验,以部分实施代替全面实施。

对于多因素实验,正交实验设计是简单常用的一种实验设计方法。其基本程序包括实验方案设计及实验结果分析两部分。实验方案设计流程为:实验目的与要求→实验指标→选因素、定水平→因素、水平确定→选合适正交表→表头设计→列实验方案。

正交实验结果的直观分析法:

(1) 选出参考最优组合;

(2) 判明各因子对实验指标影响的主次关系;

(3) 分别计算各因素、各水平的实验指标及其平均值;

(4) 比较参考最优组合和理论最优组合,确定最终最优组合。

方差分析可以分析出实验误差的大小,从而知道实验精度;不仅可给出各因素及交互作用对实验指标影响的主次顺序,而且可分析出哪些因素影响显著,哪些影响不显著。对于显著因素,选取优水平并在实验中加以严格控制;对不显著因素,可视具体情况确定优水平。但方差分析不能对各因素的主要程度给予精确的数量估计。

2. 均匀实验设计

正交设计法是从全面实验中挑选部分实验点进行实验,在挑选实验点时有两个特点,即均匀分散、整齐可比。“均匀分散”是实验点具有代表性,“整齐可比”可便于实验的数据分析。然而,为了照顾“整齐可比”,实验点就不能充分地“均匀分散”,且实验点的数目就会比较多(实验次数随水平数的平方而增加)。“均匀设计”方法的思路是去掉“整齐可比”的要求,通过提高实验点“均匀分散”的程度,使实验点具有更好的代表性,使得能用较少的实验获得较多的信息。

3. 完全方案

多因素实验研究的因素较多,完全方案是其最简单的一种设计,设计的原理就是每个实验因素的每个水平都要相互碰到,所有因素处于完全平等的地位。设计时首先确定要研究的因素及每个实验因素的水平,然后再将所有实验因素的各个水平组合起来,每一个组合就是一个处理。完全方案包括了每个实验因素不同水平的一切可能的组合,反映情况比较全面,所以也称全面实验。这种设计的特点是完全、均衡,它既能考察实验因素对实验指标的影响,也能考察因素间的交互作用,并能选出最优水平组合,从而能充分揭示事物的内部规律。

4. 不均衡方案

不均衡方案是为了缩减处理数,在完全方案的基础上,根据经验和专业知识,剔除一些次要的和无意义的组合而构成。不均衡必然不完全,所以不均衡方案是一种不完全方案。也可以先选关键性的因素,拟定几个简单方案进行实验,待这些因素的作用明确后,再把几个有效的因素及其有效的处理组成不均衡方案,由简到繁,逐步深入。

(三) 综合实验

通过单因素和复因素实验,可以探索出在一定条件下不同因素的最优组合,根据这个最优组合制定一整套的技术措施,再与现行生产所采用的成套技术措施相比较,研究最优组合的综合效应并检验其实用价值,这就是综合实验。所以,综合实验具有检验和示范的作用。

1.2 化工实验室安全知识

一、化工实验的危险因素

(一) 化学品的危险性

化工实验过程中所处理的物料(原料、中间产物及产品等)大多具有易燃、易爆、毒害、腐蚀的性质,易于引发事故,危害人身安全和健康,破坏设施,污染生态环境,对社会造成不良影响。

为了安全使用和风险管理危险化学品,国际上制订了公认、全面、科学的全球统一分类标准和标签制度(globally harmonized system of classification and labeling of chemical,GHS),GHS 按照物理危害、健康危害及环境危害三个方面,将危险化学品分为26 类;在国内也先后颁布了《危险化学品目录》(2015 版)、《危险化学品安全管理条例》(2013 修订版)、《化学品分类和危险性公示通则》(GB13690—2009)、《危险货物分类与品名编号》(GB 6944—2012)、《危险化学品重大危险源辨识》(GB 18218—2018),对危险化学品进行分类与管理。

为了保证化工实验的顺利进行和人身安全,了解危险化学品及其性质是十分必要的。化工实验常用的危险化学品的性质如下:

1. 爆炸危险品

这一类化学物在外界作用下(如受热、受压、撞击等)发生剧烈的化学反应,瞬间产生大量的气体和热量,使周围的压力急剧上升,发生爆炸,破坏周围的环境。这类危险物也包括无整体爆炸危险,但具有燃烧、抛射及较小爆炸危险,仅产生热、光、音响或烟雾等一种或几种作用的物品。爆炸危险品的主要特性如下:

(1) 爆炸性

爆炸危险品具有化学不稳定性,在一定外界因素的作用下,会发生激烈的化学反应,其主要的表现为:

① 化学反应速度极快,在瞬间内释放出爆炸能量,造成极大的破坏力;

② 爆炸时产生大量的热;

③ 产生大量气体而形成高压,强烈的冲击波对周围建筑物具有很大的破坏性;

④ 发出巨大的响声。

(2) 对撞击、摩擦、温度等因素非常敏感性

敏感度(爆炸物发生爆炸所需的最小起爆能)是确定爆炸品爆炸危险性的一个非常重

要的标志,敏感度越高,则爆炸危险性越大。这类物品对热和机械作用(研磨、撞击、温度等)都很敏感,其敏感度决定于它的化学组成和结构。

（3）与酸、碱、盐或金属反应的产物更易爆炸

有些爆炸危险品与某些化学品(如酸、碱、盐等)发生化学反应,反应的产物更易引起爆炸。例如:苦味酸能与某些碳酸盐发生反应生成更容易爆炸的苦味酸盐。

（4）爆炸的毒害性

爆炸危险品发生爆炸时能产生对人有毒、有害或有刺激性的气体。例如梯恩梯、硝化甘油、雷汞等都具有一定的毒性。

常见的爆炸性物品有硝酸铵、雷酸盐、重氮盐、三硝基甲苯(TNT)和其他含有三个硝基以上的有机化合物等。

2. 高压气体

本类危险化学品是在压力≥200 kPa(表压)条件下装入贮存器的气体,高压气体包括压缩气体、液化气体、溶解气体和冷冻液化气体。

在高压之下有些气体具有易燃、助燃、易爆、毒害等性质,当受热、撞击等情况时,容易发生燃烧爆炸或中毒事故。

该类物品有三种:① 可燃性气体(氢、乙炔、甲烷、煤气等);② 助燃性气体(氧、氯等);③ 不燃性气体(氮、二氧化碳等)。

3. 易燃液体

本类液体的闪点不高于 93 ℃,高度易燃性是其主要特性,当遇火、受热或与氧化剂接触时都有发生燃烧的危险,危险程度与易燃液体的闪点、自燃点有关,闪点和自燃点越低,着火燃烧的危险性就越大。

该类液体的沸点较低,挥发的蒸气与空气混合的浓度容易达到爆炸极限,遇到火源极易引起爆炸;其黏度很小,在渗透、浸润及毛细现象等作用下能从器壁极细小的裂纹处渗出,泄露后极易蒸发,能在坑洼的地方积聚,增加燃烧爆炸的危险性;另外其膨胀系数较大,受热后体积容易膨胀,蒸气压升高,会使密封容器中内部压力增大,形成“鼓桶”至爆裂,爆裂所产生的火花会引起燃烧爆炸。有一些易燃液体的电阻率较大,静电荷很容易积聚而产生静电火花,引起火灾事故。这类易燃液体有苯、甲苯和汽油等。

4. 易燃固体

这类物品是指容易燃烧或通过摩擦引燃或助燃的危险化学品,其燃点较低,对热、撞击或摩擦敏感,易被火源点燃,并迅速燃烧,同时可能散发出有毒的烟雾或有害气体。这类固体若以粉尘悬浮物分散在空气中,达到一定浓度时,遇有明火就可能发生爆炸。

这类易燃固体其主要特性是容易被氧化,受热易分解或升华,遇明火常会引起强烈、连续的燃烧。当其与氧化剂、酸类等物品发生接触时,反应剧烈而发生燃烧爆炸;对摩擦、撞击、震动很敏感。许多易燃固体有毒,或燃烧产物有毒或腐蚀性。

易燃固体有镁粉、铝粉、松香、石蜡、硫等。

5. 自燃液体/固体

本类化学品自燃点低,在空气中容易发生氧化反应,放出热量,而自行燃烧。由于在化学结构上无规律性,自燃物品的自燃特性各有不同。如黄磷性质活泼,极易氧化,燃点也特别低,在空气中暴露很快引起自燃,有剧毒,燃烧产物五氧化二磷也是有毒物质,遇水能生成剧毒的偏磷酸;二乙基锌、三乙基铝等有机金属化合物,在空气中能自燃,遇水还会强烈分解,产生易燃的氢气,引起燃烧爆炸。

带油污的废纸、废橡胶、硝化纤维、黄磷等,都属于自燃性物品。

6. 遇水放出易燃气体的物品

此类化学品与水作用能发生剧烈的化学反应,放出大量的易燃气体和热量,有些不需明火即能燃烧或爆炸;其与酸或氧化剂能发生比遇到水更为强烈的反应,危险性也更大。

此类化学品有钾、钠、钙等轻金属。

7. 氧化性液体/固体

这类化学品具有强氧化性,本身不一定可燃,在高温、震动、摩擦、撞击、受潮条件作用下或与易燃物品、还原剂、酸碱等接触时能迅速分解并放出氧气和热量,有引起燃烧、爆炸的危险。

氧化剂包括高氯酸盐、氯酸盐、次氯酸盐、过氧化物、过硫酸盐、高锰酸盐、铬酸盐及重铬酸盐、硝酸盐、溴酸盐、碘酸盐、亚硝酸盐等。

8. 有机过氧化物

这类物质是含有过氧基的有机物,是热不稳定物质或混合物,极易放热自加速分解,燃烧迅速,易爆炸分解,对热、震动和摩擦极为敏感,能与其他物质发生危险反应。

9. 腐蚀剂

本类化学品具有强烈的腐蚀性,能灼伤人体组织,损坏金属、动植物机体、纤维制品等。多数腐蚀品具有不同程度的毒性,有的还是剧毒品。许多有机腐蚀物品都具有易燃性和氧化性,当这些物品接触木屑、食糖、纱布等可燃物时,会发生氧化反应,引起燃烧。

这类物品有甲酸、冰醋酸、苯甲酰氯、丙烯酸、硝酸、硫酸、高氯酸、盐酸、氢氟酸、苯酚、氢氧化钾、氢氧化钠等。

10. 毒害品

这类物质通经过误服、吸入或皮肤接触等途径进入人体,能与体液和人体组织发生生物化学作用或生物物理学变化,扰乱或破坏肌体的正常生理功能,引起暂时性或持久性的病理改变,并危及人的健康和生命。这一类毒害品有氰化钾、砒霜、农药、铅、汞、钡盐等。

(二) 化工实验过程的危险性

1. 化学反应失控的危险性

在化工实验中,尤其是在综合设计型实验中不同化学反应,其所用的原料、产物以及操作条件不相同,制约反应的因素和水平取值也不同,不确定性加大,其反应不可控的危险性将加大,例如原料、中间产物或副产物中存在不稳定物质,如有不慎就会酿成事故。

化学反应过程中常会有一些外界的干扰或非预期的因素,如加料错误、流量的波动、原料的杂质、冷却系统故障和搅拌失效等原因,反应会偏离正常操作控制范围,造成反应器过热。若不能及时移去热量,回不到原来稳态操作,将引起系统内温度升高,引发二次分解反应,最后导致发生灾难性事故。

有高毒害性、强腐蚀性的物料参与的化学反应,在高温、高压条件下有易燃物料存在的化学反应,在接近爆炸极限的情况下操作的化学反应,以及氧化反应、还原反应或硝化反应等隐含着火灾和爆炸的风险,稍有不慎就会引起事故。

2. 过程失控的危险性

化工实验过程步骤多,流程长,设备大,仪器设备多,过程控制复杂,相对于化学基础实验来说隐患多,风险也较大。如一氧化碳中温-低温串联变换实验,整套装置包含了气体钢瓶、减压阀调节、原料气净化器、混合器、脱氧槽、水饱和器、预热器、固体床反应器、气液分离器等仪器设备。

化工实验过程或化学反应有时需要在高压、高温、低温或高真空条件、高速搅拌下操作,如果对实验条件、实验操作失去控制或防范不周,就可能会引发事故。

3. 实验操作不当的危险性

化工实验室的典型安全事故分析表明,大多数实验安全事故是人为因素所造成的,如违反操作规程、仪器操作失误、化学危险品使用不当、试剂存储不规范、废弃物处置不当等原因。

如加热是化工实验最常用的操作,其操作失误也最常见。冬夏季环境温度发生变化,换热未能及时调整,导致系统温度改变;精馏操作要考虑物料和热量的平衡关系,塔釜加热量过大而塔顶冷却量不够,导致蒸气从塔顶逸出,或塔压骤升,会增加塔体爆炸的风险;吸收操作的危险性来自于吸收剂和气体的回收与处理;萃取操作安全性的关键问题是溶剂的选择和回收。

(三) 化工设备的危险因素

化工设备设计存在的错误、本身的一些缺陷如设备材质选取、装置应力核算、结构设计以及使用年限等,都会带来安全隐患和危险,甚至会造成事故。

化工实验的操作参数高度依赖测控仪表和自控系统,涉及到流量控制与检测、反应器温度控制与检测、压力检测、样品含量分析等环节,不确定因素多,因而实验过程存在较高的操作风险。

操作失误不仅会造成实验失败,而且会损坏仪器设备,并带来风险。

二、化工实验常见事故及其处理方法

化工实验室中时有事故发生,因而化工实验人员应具有初步的危险判断能力,能识别可能发生事故的危险因素,并能处置一般的危险事故。

（一）触电事故及其处理方法

化工实验室中有些装置较大，一般安置在一楼，每年雨水天气，空气潮湿，另一方面许多化工实验需要用水，因此化工实验室内空气湿度较大，潮湿的空气易凝结成的水滴附着在老化的电线线路和绝缘层破损处，会引发触电事故。有的实验室中常因电线布线不规范、实验设备的损坏等引起触电事故发生。

发生触电，应首先立即断开电源，必要时进行人工呼吸。

（二）火灾事故及其处理方法

化工实验过程中常因操作失误、设备损坏、线路老化、仪器设备过热及危险化学品存放不当等原因引起火灾。

起火时，要判断起火的部位和引起火灾的物质，采取有效措施控制火势的蔓延扩大，如移去火源、拉闸断电、切断气体导管、关闭阀门等，及时灭火。必须针对不同的火灾情况选择灭火剂及扑火方法，小火可用湿布、石棉布或沙子覆盖燃烧物；火势较大要用灭火器进行灭火；电器起火切记不能用水泼救，以免触电；衣服着火，切勿惊慌乱跑，应赶紧脱下衣服，也可采用卧地打滚、泼水灭火、石棉布覆盖着火处等措施；存有氰化钾的着火，切记勿用泡沫灭火剂，灭火剂中酸能与氰化钾反应生成剧毒的氰化氢；有金属钾、钠的着火点，不能用水灭火，否则会引起爆炸；油类物品着火不能用水灭火，否则会使火灾蔓延。

（三）爆炸事故及其处理方法

化工实验室中的一些设备，如压缩气体钢瓶、高压调节阀、空压机、高压釜等由于材质不合格、材质老化变脆、腐蚀、超负荷运行、缺少维护、操作失误及人为损坏等原因，在高温高压的环境下运行很容易导致爆炸事故。在化工实验室中的易燃易爆危险化学品常因泄漏、使用不当和静电放电等因素引发爆炸事故。

发生爆炸事故时，立即疏散现场人员，判明爆炸物和爆炸事故情况，采取有效措施控制爆炸源，防止爆炸事故继续扩大，组织人员紧急现场抢救，注意先救人，后处理事故。佩戴防护器具，防止中毒。

（四）烫伤事故及其处理方法

许多化工实验需要在高温或者加热条件下进行，实验人员操作过程中稍不注意就会触及到高温设备或接触高温物料而被烫伤。

实验人员发生烫伤，要根据烫伤情况处理，轻度烫伤，用干净流动的冷水对创面进行冲洗或浸泡约 30 min，有效地降低创面的温度，减轻烫伤或避勉进一步受到损伤，保护烫创伤面，尽量避免感染。如有水泡，不要弄破，用 95% 酒精轻涂伤口，涂上烫伤膏。烫伤较重时，立即用蘸有饱和苦味酸或饱和 $KMnO_4$ 溶液的棉花或纱布覆盖患处，尽快送医院处理。高温物料烫伤，立即脱衣清除裹在身体上的物料，或衣服，再用冷水冲洗，如衣服与伤口黏住，切勿强行撕脱，要用剪刀轻轻剪开衣服，慢慢脱离。

（五）化学品灼伤事故及其处理方法

化工实验人员操作过程中不慎将危险化学品洒在身上，会造成危险化学品对人身体的灼伤。

危险化学品洒在身上时，应立即离开现场，迅速脱去被污染的衣服，立即使用安全淋浴设备，用大量的水冲洗创面，大约 15 min，根据不同危险化学品的灼伤，采取相对应的处理措施，不要涂抹任何护肤品。如灼伤严重，立即去医院处理，并带好相关的危险化学品供医生参考。如酸灼伤时，应先用水冲洗灼伤部位，再用 3% $NaHCO_3$ 溶液或肥皂水处理患处；碱灼伤时，先用水洗，再用 1% HAc 溶液或饱和硼酸溶液洗患处；溴或苯酚灼伤皮肤，要用大量的酒精或汽油清洗，然后涂抹甘油；酸溅入眼内，立即使用洗眼器的自来水大量冲洗眼睛，再用 3% $NaHCO_3$ 溶液洗眼，最后用蒸馏水将余酸洗尽；碱液溅入眼时，先用洗眼器的自来水冲洗，再用 10% 硼酸溶液洗眼，最后用蒸馏水将余碱洗尽。

（六）中毒事故及其处理方法

化工实验中许多情况都会涉及到有毒有害物质，当实验过程发生泄漏时，若无通风装置或通风不畅，实验人员又未佩戴或不正确佩戴防护面罩，极易发生人员中毒和窒息事故。

发生中毒事故后，应立即尽快将伤者脱离危险现场，转移到新鲜空气流动处，松开领口、紧身衣物和腰带，脱去污染的衣服，以利于呼吸，有条件可进行输氧。严重中毒者，可进行人工心肺复苏，并立即送往医院抢救。

对吸入如 Cl_2 或 HCl 的刺激性或有毒气体的中毒人员，可使其吸入少量乙醇和乙醚的混合蒸气进行解毒；对吸入 H_2S 或 CO 气体而感到不适者，应立即送到室外呼吸新鲜空气。应注意，Cl_2 或 Br_2 中毒时不可进行人工呼吸，CO 中毒时不可使用兴奋剂。

若毒物进入口内时应口服一杯中加入 5—10 mL 5% 的 $CuSO_4$ 溶液的温水，再把手伸入咽喉部，促使呕吐毒物，然后送医院救治。

三、化工实验危险的防护措施

按照《化学品分类和危险性公示通则》（GB 13690—2009），分析化工实验中可能存在的危险因素，采取防范措施，有效地控制危险因素，确保化工实验室的安全。

（一）安全合理地使用危险化学品

1. 危险化学品必须安全合理存放

（1）化工实验室中危险化学品的存放必须按照《常用化学危险品贮存通则》（GB 15603—1995）执行。

（2）化工实验室内应设专柜存放易燃易爆物品，存放易燃物品地方严禁明火，远离热源，避免日光直射。

（3）要根据实验的需用量领用危险化学品，不能在实验场所存放大量危险化学品。

（4）不明性质的化学品严禁任意混合存放，以免发生意外事故。

（5）禁止任意丢弃化学危险品的废弃物，需按规定收集和处置。

2. 使用危险化学品的有关规定

（1）化工实验室需制定危险化学品的安全使用规定。

（2）实验操作人员实验前需熟悉危险化学品的安全知识。

（3）实验操作人员必须按照危险化学品安全使用规定进行操作。

（4）实验操作人员必须了解实验室中灭火器材存放地点及使用方法。

（5）实验操作人员不准擅自离岗，不允许在无人监视情况下进行加热和操作。

3. 危险化学品的安全使用

通过化学品安全说明书（safety data sheet for chemicals，SDS）了解化工实验室里的危险化学品的理化特性、毒性、操作处置与储运、急救措施、泄漏应急处理、个人防护、废弃处置、消防措施和环境危害等信息，并采取必要的预防措施。

按照国家标准《危险货物包装标志》（GB 190—2009），对化工实验室里的危险化学品进行标识。

化工实验室内常用的危险化学品的安全使用措施如下：

（1）易燃易爆化学品的安全使用

① 使用爆炸性的混合气体时，严格地按安全规程操作，一定要严防可燃物在空气中的浓度进入爆炸极限以内；

② 使用可燃气体时，必须对系统先用氮气吹扫空气，保证装置严密不漏气；

③ 保证室内有良好通风；

④ 严禁室内有明火存在，远离火种、电热设备和其他热源；

⑤ 注意剧烈的放热反应操作，避免引起自燃或爆炸；

⑥ 储运爆炸品时要避免摩擦、撞击、颠簸和震荡；

⑦ 严禁与其他危险品一起混储，以免引起更大危害；

⑧ 蒸馏低沸点的易燃有机物时，不能用明火直接加热，也不能快速加热，防止其急剧气化逸出，引发火灾或爆炸。

（2）自燃物品的安全使用

① 钾、钠应保存在煤油中，白磷储存于水中；

② 遇有磷燃烧时，注意防止中毒；

③ 二乙基锌、三乙基铝等有机金属化合物，储存和运输必须用充有惰性气体或特定的容器包装，失火时不可用水扑救；

④ 自燃物品及其废弃物，不能堆放室内，应及时清除，以防发生意外。

（3）遇水易燃物质的安全使用

① 储存、运输和使用时，注意防水、防潮，严禁火种接近，与其他性质相抵触的物质隔离存放；

② 遇湿易燃物质起火时，严禁用水、酸碱泡沫、化学泡沫扑救。

（4）氧化性物品的安全使用

对某些强氧化剂（如 $KClO_3$、KNO_3、$KMnO_4$ 等）或其混合物，不能研磨，否则将引起爆炸。

（5）毒性物品的安全使用

① 毒品应有专人管理，建立保存与使用档案；

② 使用这类物质应十分小心，在操作过程中，应做好防护工作以防止中毒；

③ 有毒、有害或有刺激性气体应在有通风设备的地方进行实验；

④ 毒药品（如铅盐、砷的化合物、汞的化合物、氰化物和 $K_2Cr_2O_7$ 等）不得进入口内或接触伤口，也不能随便倒入下水道。

⑤ 取用金属汞时要特别小心，若把汞洒落在桌面或地上时必须尽可能收集起来，并用硫磺粉盖在洒落汞的地方；

⑥ 使用脂溶性有机溶剂，如苯、甲醇、硫酸二甲酯等时应特别注意，均需穿上工作服、戴手套和口罩。

（6）腐蚀性物品的安全使用

① 使用浓酸、浓碱、溴、洗液等具有强腐蚀性试剂时，切勿溅在皮肤和衣服上，以免灼伤；

② 废酸应倒入废液缸，但不能往废液缸中倒碱液，以免酸碱中和放出大量的热而发生危险。

在热天取用浓氨水时，最好先用冷水浸泡氨水瓶，使其降温后再开盖取用。

（二）安全合理地使用实验设备

1. 化工实验设备的安全使用规则

（1）化工实验室要制定化工实验装置的操作规程及安全注意事项。

（2）化工实验人员必须学习实验装置安全技术知识，未经允许不准实验操作。

（3）实验前化工实验人员要了解化工实验装置、实验流程和实验操作规程。

（4）化工实验人员必须按照设备操作规程的要求使用实验设备，不准违规操作。

（5）化工实验的高温、高压、高转速等装置要贴有安全警示标志。

（6）经常检查化工实验装置，及时维修实验装置，保证设备正常运行。

2. 压缩气体钢瓶的安全使用

（1）压缩气体钢瓶要用不同颜色加以区分，并标明气体名称。钢瓶内压缩气体最高压力为 15 MPa，当瓶内压力降到 0.5 MPa 时，应停止使用。

（2）压缩气体钢瓶避免日光直晒或靠近热源，防止瓶内气体受热膨胀、压力上升引起钢瓶破裂而发生爆炸。

（3）定期检查钢瓶，防止可燃性压缩气体的泄漏。

（4）可燃性气体钢瓶要远离明火（距离大于 10 m）。使用钢瓶时，必须牢靠地固定在架子上或墙上。运送钢瓶时，应戴好钢瓶帽和橡胶安全圈。

（5）使用压缩气体钢瓶必须连接减压阀或高压调节阀,严防钢瓶摔倒或受到撞击,以免发生意外爆炸事故。

（6）使用氧气钢瓶时,应严禁在钢瓶附件或连接管路上黏附油脂等物。氧气钢瓶的阀门和减压阀都不能用可燃性(橡胶)垫片联接。

3. 淋浴设备和洗眼器的安全使用

（1）实验前化工实验人员应学会淋浴设备和洗眼器的使用方法。

（2）保证淋浴设备和洗眼器的阀门能正常开启,阀门要选择防锈材料。

（3）淋浴设备和洗眼器应容易操作,打开时间不能超过 1 s。

（4）淋浴设备和洗眼器应设置在实验室附近,最远不应超过 10 s 路程,最大距离不超过 30 m。

（5）要定期检查和维护淋浴设备和洗眼器。

4. 通风橱的安全使用

（1）严格按照通风橱的操作规则进行实验操作。

（2）每次使用前,测试通风柜是否具有足够的安全面风速,判断是否有产生紊流的可能性,以确保其处于正常运行状态。

（3）通风橱最小面风速一般设计为 0.5 m/s(在移门全部打开状态下)。对人体无害的污染物,风速可为 0.3—0.4 m/s;对轻、中度的危害物,要求风速为 0.4—0.5 m/s;针对极度危害或少量有放射性的危害物,控制风速为 0.5—0.7 m/s。

（4）安装气流监控装置,实时监控通风橱的风速。在通风橱的工作期间,每 2 h 要进行 10 min 的补风(即开窗通风),工作 5 h 以上,要敞开窗户,避免室内出现负压。

（5）在通风橱使用时,尽量减少人员在通风橱前面走动,避免因走动带来的逆流风向对通风橱进行干扰。

（6）保持通风柜的后导流板顺畅,以便工作台面附近产生的有害化学物质能够顺畅地排至通风柜外。

（7）实验过程中,活动门应始终保持在最低允许位置以减小通风面开度及暴露风险,窗离台面一般以 10—15 cm 为宜。实验操作点应距离活动门边缘至少 10 cm。

（8）当多个通风橱共用 1 个风机时,只能由 1 位操作人员来控制风机的"开"和"关",如某个通风橱暂时不使用或要停止使用,可使用风量调节阀来封闭通风口。

（9）禁止在通风柜内做国家禁止排放的有机物质与高氯化合物质混合的实验。

（10）禁止在通风柜内存放易燃易爆物品,以及把通风柜当成废弃物处理设备来使用。

保持通风柜操作的良好使用习惯:

① 在通风柜上粘贴警示标志以提醒操作者保持与通风柜移门的安全距离进行实验操作,不要将头部伸入通风柜内;

② 在通风柜的立柱上粘贴推荐工作高度的标签或者设置限位开关,提醒将移门调节至最适宜的工作高度(面风速最大但不产生紊流);

③ 限制储存化学试剂,仅放置必须用到的化学物质,并拧紧化学试剂瓶的瓶盖,检查玻璃器皿的盖子以减少试剂的挥发;

④ 在通风柜内谨慎使用点燃源,点燃源应在通风柜外使用;

⑤ 使用通风柜时,配合使用安全眼镜、安全手套及实验操作服,特别是在可能发生爆炸危险的实验过程中,请戴好护目镜以及做好面部保护措施。

⑥ 当通风系统停止,必须停止所有实验,盖好原料瓶,并将所有通风橱活动门关闭。

5. 安全监测系统的安全使用

(1) 保证监测器和报警装置的正常运行,要定期检测和维护。

(2) 监测器位置的安装要求:若蒸气密度比空气大,安装位置与地面的距离<0.45 m;蒸气密度比空气小,则安装位置离地面的高度为 1.8—2.4 m,特别注意屋顶区域蒸气的聚积;实验区域内监测探头之间的距离不超过 15 m。

(3) 报警装置报警值设置的要求:不同的气体,报警值不同。可燃性气体的低位报警值设置为 25% LFL,高位报警值设置为 50% LFL;氧气的低位报警值设置 19.5%,富氧高位报警值为 22.5%。

(三) 化工实验室安全用电的措施

(1) 规划设计好化工实验室的电气布局,符合安全规范等级要求,做好电器设备保护接地或保护接零措施。

(2) 做实验前必须了解室内总电闸与分电闸的位置,如发生用电事故时,可以及时关闭电源。

(3) 经常检查实验设备绝缘情况,电线有无裸露、老化、漏电,接头是否紧密牢固等情况,防止漏电触电的事故。

(4) 注意电线的安全载流量,防止超负荷运行而导致电源导线发热引起的火灾或短路的事故。

(5) 遇到停电时,必须切断所有的电闸,以防突然供电后电器设备在无人监视下运行。

(6) 电器设备维修时必须停电作业。

(四) 化工实验室的安全管理

1. 化工实验室的安全教育

(1) 定期对化工专业的师生进行化工实验安全教育。

(2) 进实验室前对化工实验人员进行化工实验安全培训和安全知识学习。

(3) 做每个实验项目前,对实验操作人员讲解本装置进行实验操作规程和安全注意事项。

2. 化工实验室的安全制度

(1) 制订和实施化工实验室安全管理制度。

（2）制订和实施化工实验室工作人员安全责任制度。

（3）制订和实施化工实验室安全检查制度。

（4）制订和实施化工实验装置操作规程。

（5）制订和实施危险化学品安全管理制度。

3. 化工实验室的安全防范措施

（1）做好化工实验室的通风设施，保证良好的通风效果。

（2）定期保养、维护和检修实验装置，保持设备完好。

（3）张贴危险、有毒、窒息性等警示标识。

（4）加强检查、监测有毒有害物质是否泄漏。

（5）做好事故处理的应急预案，配置急救药品、防毒过滤器、氧气呼吸器及其他个人防护用品。

（6）培训实验人员掌握预防中毒、窒息的方法及其急救法。

（7）按规定和要求处置化工实验的废弃物。

（8）特殊危险品库房严密监控，特殊危险品要双人双锁保管。

（9）按规定储存、使用、搬运易燃、易爆、剧毒等危险品，使用手续严格，做到可根据记录追溯。

4. 化工实验室的防火防爆措施

（1）化工实验室要按规定和标准配备消防器材。

（2）消防器材布置合理，取用方便。

（3）对化工实验专业师生进行消防培训和训练，学会正确使用消防器材。

（4）各种易燃易爆危险化学品要有专人保管。

（5）化工实验人员必须按照规定和要求使用易燃易爆危险化学品及实验设备。

（6）化工实验室内安装防火防爆监控设施。

参考文献

［1］乐清华，徐菊美. 化学工程与工艺专业实验(第三版)［M］. 北京：化学工业出版社，2017.

［2］霍冀川. 化学综合设计实验(第二版)［M］. 北京：化学工业出版社，2020.

［3］刘永光. 化工开发实验技术［M］. 天津：天津大学出版社，1994.

［4］李丽娟，陈瑞珍. 化工实验及开发技术(第二版)［M］. 北京：化学工业出版社，2012.

第2章　化工热力学实验

2.1　二元系统气液平衡数据的测定

一、实验目的

1. 了解和掌握用双循环气液平衡器测定二元气液平衡数据的方法。

2. 了解缔合系统气-液平衡数据的关联方法,从实验测得的 T-p-x-y 数据计算各组分的活度系数。

3. 学会二元气液平衡相图的绘制。

二、实验原理

以循环法测定气液平衡数据的平衡器类型很多,但基本原理一致,如图 2-1-1 所示。当体系达到平衡时,a、b 容器中的组成不随时间而变化,这时从 a 和 b 两容器中取样分析,可得到一组气液平衡实验数据。

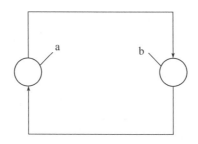

图 2-1-1　循环法测定气液平衡数据的原理示意图

三、预习与思考

1. 为什么即使在常压、低压下,醋酸蒸气也不能当作理想气体看待?

2. 本实验中气液两相达到平衡的判据是什么?

3. 设计用 0.1 mol/L NaOH 标准液测定气液两相组成的分析步骤,并推导平衡组成计算式。

4. 如何计算醋酸-水二元系的活度系数?

5. 为什么要对平衡温度作压力校正？

6. 本实验装置如何防止气液平衡釜闪蒸和精馏现象发生？如何防止暴沸现象发生？

四、实验装置与流程

本实验采用改进的 Ellis 气液两相双循环型蒸馏器，其结构如图 2-1-2 所示。

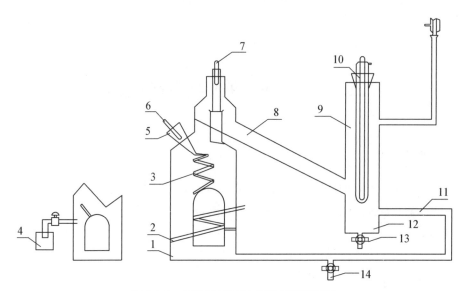

图 2-1-2 改进的 ELLisi 气液循环蒸馏器

1. 蒸馏釜；2. 电加热丝；3. 蛇管；4. 液体取样口；5. 进样口；6. 平衡温度计；7. 气相温度计；
8. 蒸汽导管；9、10. 冷凝管；11. 冷凝液回路；12. 贮器；13. 气相凝液取样口；14. 放料口

改进的 Ellis 蒸馏器测定气液平衡数据较准确，操作也较简便，但仅适用于液相和气相冷凝液都是均相的系统。温度测量用分度为 0.1 ℃ 的水银温度计。本实验装置的平衡釜加热部分的下方，有一个磁力搅拌器，电加热时用以搅拌液体。在平衡釜蛇管处的外层与气相温度计插入部分的外层设有上下两部分电热丝保温。另还有一个电子控制装置，用以调节加热电压及上下两组电热丝保温的加热电压。

分析测试气液相组成时，用化学滴定法。每一实验组配有 2 个取样瓶，2 个 1.0 mL 的针筒及配套的针头，配有 1 个碱式滴定管及 1 架分析天平。实验室中有大气压力测定仪。

五、实验步骤

1. 加料。从加料口注入已配制的醋酸-水二元溶液。

2. 加热。接通加热电源，调节加热电压约在 150—200 V 左右，开启磁力搅拌器，调节合适的搅拌速度。缓慢升温加热至釜液沸腾时，分别接通上、下保温电源，其电压调节在 10—15 V 左右。

3. 温控。溶液沸腾，气相冷凝液出现，直到冷凝回流。起初，平衡温度计读数不断变化，调节加热量，使冷凝液控制在每分钟 60 滴左右。调节上下保温的热量，最终使平衡温

度逐渐稳定,气相温度控制在比平衡温度高 0.5 ℃—1 ℃左右。保温的目的在于防止气相部分冷凝。平衡的主要标志由平衡温度的稳定加以判断。

4. 取样。整个实验过程中必须注意蒸馏速度、平衡温度和气相温度的数值,不断加以调整,经 0.5 h—1 h 稳定后,记录平衡温度及气相温度读数。读取大气压力计的大气压力。迅速取约 8.0 mL 的气相冷凝液及液相于干燥、洁净的取样瓶中。

5. 分析。用化学分析法分析气、液两相组成,每一组分析 2 次,分析误差应小于 0.5%,得到 $W_{HAc气}$ 及 $W_{HAc液}$ 两相质量百分组成。

6. 实验结束后,先把加热及保温电压逐步降低到零,切断电源,待釜内温度降至室温,关冷却水,整理实验仪器及实验台。

六、实验数据处理

1. 平衡温度校正

测定实际温度与读数温度的校正:

$$t_{实际} = t_{观} + 0.00016n(t_{观} - t_{室}) \tag{2-1-1}$$

式中:$t_{观}$ 为温度计指示值;$t_{室}$ 为室温;n 为温度计暴露出部分的读数。

沸点校正:

$$t_P = t_{实际} + 0.000125(t + 273)(760 - p_a) \tag{2-1-2}$$

式中:t_P 为换算到标准大气压(0.1 MPa)下的沸点;p_a 为实验时大气压力(换算为 mmHg,1 mmHg = 133 Pa)。

2. 将 t_P、$W_{HAc气}$、$W_{HAc液}$ 输入计算机,计算表中参数。

表 2-1-1　计算数据一览表

p_A^0	n_B^0	$n_{A_1}^0$	n_{A_1}	n_{A_2}	n_B	γ_A	γ_B

3. 在二元气液平衡相图中,将本实验附录中给出的醋酸-水二元系的气液平衡数据作成光滑的曲线,并将本次实验的数据标绘在相图上。

七、实验结果与讨论

1. 计算实验数据的误差,分析误差的来源。

2. 为何液相中 HAc 的浓度大于气相?

3. 若改变实验压力,气液平衡相图将作如何变化? 试用简图表明。

4. 用本实验装置,设计作出本系统气液平衡相图操作步骤。

附录 醋酸-水二元系气液平衡数据的关联

No	$t/℃$	X_{HAc}	Y_{HAc}	No	$t/℃$	X_{HAc}	Y_{HAc}	No	$t/℃$	X_{HAc}	Y_{HAc}
1	118.1	1.00	1.00	5	107.4	0.70	0.547	9	102.2	0.30	0.199
2	115.2	0.95	0.90	6	105.7	0.60	0.452	10	101.4	0.20	0.316
3	113.1	0.90	0.812	7	104.3	0.50	0.356	11	100.3	0.05	0.037
4	109.7	0.80	0.664	8	103.2	0.40	0.274	12	100	0	0

参考文献

[1] 荣俊锋,武成利,张晔,李伏虎,刘铭,吴姗姗.二元系统气液平衡数据测定实验综述报告[J].安徽化工,2020,46(05):49-52+57.

[2] 赵爱娟,郭红宇.二元气液平衡数据测定实验的改进[J].实验室科学,2019,22(01):45-48.

[3] 彭阳峰,徐菊美,李秀军,赵红亮,赵双良.化工热力学中气液平衡数据测定实验教学的改进[J].化工高等教育,2020,37(02):108-111.

[4] 胡玮,曹红燕.双液系气-液平衡相图的 Origin 绘制方法[J].化工高等教育,2014,31(01):96-100.

2.2　三元液液平衡数据的实验测定

一、实验目的

1. 了解测定液液平衡数据的工程意义和基本方法；
2. 掌握用浊点法测定液液平衡数据的原理；
3. 熟悉用三角形相图表示三元体系组成的方法，并能够绘制三角形相图；
4. 测定乙酸(HAc)-水(H_2O)-乙酸乙烯酯(VAc)三元体系在 25 ℃下的液液平衡数据。

二、实验原理

三元液液平衡数据的测定包括直接法和间接法两种经典方法。直接法是根据实验体系的物性特点，首先配制若干组一定组成的三元混合物，在恒定温度条件下搅拌，保证三组分充分混合，以达到液液两相(水相-油相)平衡，静置分层后，分别从两相溶液中取样并分析其组成。尽管该方法可直接测得平衡联结线(共轭两相)数据，但对分析手段提出了较高的要求。间接法则是首先利用浊点法测出三元体系的溶解度曲线，并确定溶解度曲线上各点组成与某一可测定的物性参数(如密度、折光率或其中某物质浓度等)的关系，然后再测定相同温度下的平衡联结线数据。此时只需根据先前确定的溶解度曲线便可确定两相组成。

在本实验中，对于乙酸(HAc)-水(H_2O)-乙酸乙烯酯(VAc)这个特定的三元体系将采用间接法测定其液液平衡数据。考虑到该体系中 HAc 的含量更易于分析，故可将溶解度数据与乙酸浓度关联起来，基于三元体系溶解度数据，分别绘制水相中 HAc 与 VAc 的关系曲线以及油相中 HAc 与 H_2O 的关系曲线，以供后续测定平衡联结线时应用。平衡联结线测定方法与直接法类似，随后通过酸碱滴定法分别测定两相中的 HAc 含量，然后根据上述两相中的乙酸关系曲线确定另一组分的含量，并通过(质量/摩尔)分率归一化方程得到第三组分的含量，最终获得处于液液平衡时的共轭两相组成，并绘制出平衡联结线。

三、预习与思考

1. 溶解度曲线将三角形相图分为两部分，萃取操作应在何区域进行？为什么？
2. 平衡联结线长度越短，则共轭两相组成将如何变化？并说明原因。
3. 在本实验中，液液平衡如何达到？
4. 请说明用浓度为 0.1 mol/L 的 NaOH 标准液通过酸碱滴定法测定实验体系共轭两相中 HAc 组成的方法和计算式。同时，取样过程中应注意哪些问题？如何得到 H_2O 及 VAc 的组成？

四、实验装置与流程

1. 实验药品

乙酸、乙酸乙烯酯及去离子水,其物性常数见表2-2-1。

表 2-2-1 乙酸、乙酸乙烯酯及去离子水的物性常数

品　名	沸　点(℃)	密　度(g/mL)
醋酸	118	1.049
醋酸乙烯酯	72.5	0.931 2
水	100	0.997

2. 实验装置

(1) 金属-有机玻璃制恒温箱结构如图2-2-1所示,其工作原理为:由内置电加热器加热并用电动风扇搅动气流,使箱内温度均匀,温度由内置半导体温度计测量,并由恒温控制器控制加热温度。实验前先接通电源进行加热,直至温度达到25℃,并保持恒温。

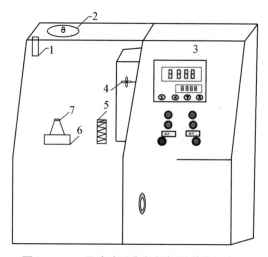

图 2-2-1 三元液液平衡数据恒温装置示意图
1. 半导体温度计;2. 恒温箱;3. 恒温控制面板;4. 电动风扇;
5. 电加热器;6. 电磁搅拌器;7. 三角烧瓶

(2) 实验仪器还包括分析天平,具有侧口的100 mL具塞三角磨口烧瓶及医用注射器等。

五、实验步骤

1. 实验流程

(1) 插上电源,按下电源按钮启动电加热器和电动风扇,将恒温箱内温度设为25℃,加热至恒温。

(2) HAc - H$_2$O - VAc的三元体系的溶解度数据见附录,本实验主要内容为平衡联结线测定,首先,根据相图配制组成位于部分互溶区的三元溶液约 30 g,配制时量取各组分的质量,并利用密度估算其体积,随后取已提前干燥的 100 mL 底部有侧口的具塞磨口三角烧瓶,将下口用干硅橡胶塞住,用分析天平称取其质量,加入 HAc、H_2O、VAc 后分别称重,计算出三元溶液的浓度,重复上述操作,在保证组成位于部分互溶区的前提下,改变其配比,继续配制三组样品。

(3) 将四个样品瓶放入已预热的恒温箱中,开启磁力搅拌,搅拌 15—20 min,然后静置 15 min,使其溶液分层。

(4) 准备好 2 支 1 mL 的洗净干燥医用针筒,分别从样品瓶上口及下支口取样。上层样取 1.0 mL,下层样取 0.5 mL,在分析天平上称重后,分别快速注入事先已加入约 10 mL 水的 2 个锥形瓶中,将锥形瓶摇动后,分别称出两个空针筒的质量,抽样后针筒的质量与空针筒的质量差即为待测样品的质量。

(5) 用 0.1 mol/L 的 NaOH 标准液滴定,中性红或酚酞作为指示剂,记录终点时所消耗的 NaOH 的体积。

(6) 根据滴定浓度计算公式得出上、下层的 HAc 的组成,由下层的 HAc 含量查下层 HAc - VAc 关系图,得到的下层水相中 VAc 含量,从而计算出 H_2O 的含量;由上层的 HAc 含量查上层 HAc - H_2O 关系图,得到上层油相中 H_2O 的含量,从而计算出 VAc 的含量。

(7) 实验结束,关闭电加热和磁力搅拌器,关闭电源。

2. 实验注意事项

(1) 设定控制的温度应高于室温 10 ℃以上,否则由于设备运行时发热,会影响温度的控制精度。

(2) 将针头插入样品瓶支口硅橡胶上时,应注意缓慢插入缓慢拔出。

(3) 取好上层样后应接着取下层样,以免影响溶液组成的平衡。

(4) 抽样后的针筒及空针筒的质量应及时称,否则会影响实验数据的精度。

(5) 指示剂用中性红比较好,溶液的颜色从红色变到黄色,但平衡样中醋酸的浓度较多时,指示剂变色迟缓。

(6) 针筒及针头应及时清洗。

六、实验数据记录与处理

1. 实验数据记录表

表 2-2-2　平衡标准液配制表

锥形瓶	HAc(mL)	H_2O(mL)	VAc(mL)
1			
2			
3			
4			

表 2-2-3　三元液液平衡标准样品组成表

样品瓶号		1	2	3	4
上层	乙酸(%)				
	水(%)				
	乙酸乙烯酯(%)				
下层	乙酸(%)				
	水(%)				
	乙酸乙烯酯(%)				

表 2-2-4　总组成点记录表

样品瓶号	1	2	3	4
乙酸(%)				
水(%)				
乙酸乙烯酯(%)				

2. 实验数据处理

在三角形相图中,将本实验附录中给出的乙酸-水-乙酸乙烯酯三元体系中的溶解度数据绘制成光滑的溶解度曲线,将实验测得的数据标注在图上。

七、实验结果与讨论

1. 实验温度和压力如何影响液液平衡?

2. 样品溶液配制过程中,乙酸-水-乙酸乙烯酯三元体系的组成能否为任意比? 并说明原因。

附录　HAc - H_2O - VAc 三元液液平衡溶解度数据表(278 K)

No	HAc	H_2O	VAc	No	HAc	H_2O	VAc
1	0.05	0.017	0.933	7	0.35	0.504	0.146
2	0.10	0.034	0.866	8	0.30	0.605	0.095
3	0.15	0.055	0.795	9	0.25	0.680	0.070
4	0.20	0.081	0.719	10	0.20	0.747	0.053
5	0.25	0.121	0.629	11	0.15	0.806	0.044
6	0.30	0.185	0.515	12	0.10	0.863	0.037

参考文献

［1］陈甘棠,陈建峰,陈纪忠. 化学反应工程(第四版)［M］. 北京:化学工业出版社,2021.

［2］李绍芬. 反应工程(第三版)［M］. 北京:化学工业出版社,2013.

［3］贾绍义,柴诚敬. 化工原理(下册)——化工传质与分离过程(第三版)［M］. 北京:化学工业出版社,2020.

2.3 气相色谱法测定无限稀释溶液的活度系数

一、实验目的

1. 掌握使用色谱法测定环己烷和苯在邻苯二甲酸二壬酯中无限稀释活度系数的方法。
2. 了解色谱法测定无限稀释活度系数的实验原理和操作方法。
3. 了解气液色谱仪的基本构造及原理。
4. 熟悉色谱测样的操作方法。

二、实验原理

采用气液色谱测定无限稀释溶液活度系数,样品用量少,测定速度快,仅将一般色谱仪稍加改装,即可使用。目前,这一方法已从只能测定易挥发溶质在难挥发溶剂中的无限稀释活度系数,扩展到可以测定在挥发性溶剂中的无限稀释活度系数。因此,该法在溶液热力学性质研究、气液平衡数据的推算、萃取精馏溶剂评选和气体溶解度测定等方面的应用,日益显示其重要作用。

当气液色谱为线性分配等温线、气相为理想气体、载体对溶质的吸附作用可忽略等简化条件下,根据气体色谱分离原理和气液平衡关系,可推导出溶质 i 在固定液 j 上进行色谱分离时,溶质的校正保留体积与溶质在固定液中无限稀释活度系数之间的关系式。根据溶质的保留时间和固定液的质量,计算出保留体积,就可得到溶质在固定液中的无限稀释活度系数。

实验所用的色谱柱固定液为邻苯二甲酸二壬酯。样品苯和环己烷进样后气化,并与载气 H_2 混合后成为气相。

当载气 H_2 将某一气体组分带过色谱柱时,由于气体组分与固定液的相互作用,经过一定时间而流出色谱柱。一般进样浓度很小,在吸附等温线的线性范围内,流出曲线呈正态分布,如图 2-3-1 所示。

设样品的保留时间为 t_r(从进样到样品峰顶的时间),死时间为 t_d(从惰性气体空气进样到其峰顶的时间),则校正保留时间为:

$$t_r' = t_r - t_d \tag{2-3-1}$$

校正保留体积为:

$$V_r' = t_r' \overline{F_c} \tag{2-3-2}$$

式中:$\overline{F_c}$ 为校正到柱温、柱压下的载气平均流量,m^3/s。

校正保留体积与液相体积 V_l 关系为:

$$V_r' = K V_l \tag{2-3-3}$$

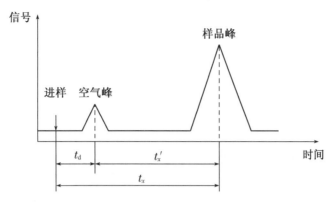

图 2-3-1　色谱流出曲线图

$$K = \frac{c_i^l}{c_i^g} \tag{2-3-4}$$

式中：V_l 为液相体积，m^3；K 为分配系数；c_i^l 为样品在液相中的浓度，mol/m^3；c_i^g 为样品在气相中的浓度 mol/m^3。

由式(2-3-3)和式(2-3-4)可得：

$$\frac{c_i^l}{c_i^g} = \frac{V_r'}{V_l} \tag{2-3-5}$$

因气相视为理想气体，则

$$c_i^g = \frac{p_i}{RT_c} \tag{2-3-6}$$

而当溶液为无限稀释时，则

$$c_i^l = \frac{\rho_l x_i}{M_l} \tag{2-3-7}$$

式中：R 为气体常数；ρ_l 为纯液体的密度，kg/m^3；M_l 为固定液的分子量；x_i 样品 i 的摩尔分率；p_i 为样品的分压，Pa；T_c 为柱温，K。

气液平衡时，则

$$p_i = p_i^o \gamma_i^o x_i \tag{2-3-8}$$

式中：p_i^o 为样品 i 的饱和蒸气压，Pa；γ_i^o 为样品 i 的无限稀释活度系数。

将式(2-3-6)、式(2-3-7)和式(2-3-8)代入式(2-3-5)，得：

$$V_r' = \frac{V_l \rho_l R T_c}{M_l p_i^o \gamma_i^o} = \frac{W_l R T_c}{M_l p_i^o \gamma_i^o} \tag{2-3-9}$$

式中：W_l 为固定液标准质量。

将式(2-3-2)代入式(2-3-9)，则

$$\gamma_i^o = \frac{W_l R T_c}{M_l p_i^o t_r' \overline{F_c}} \tag{2-3-10}$$

式中，$\overline{F_c}$ 可用(2-3-11)求得：

$$\overline{F_c} = \frac{3}{2} \left[\frac{(p_b/p_o)^2 - 1}{(p_b/p_o)^3 - 1} \right] \left[\frac{(p_o - p_w) T_c}{p_o} \frac{T_c}{T_a} F_c \right] \tag{2-3-11}$$

式中：p_b 为柱前压力，Pa；p_0 为柱后压力，Pa；p_w 为在 Ta 下的水蒸气压，Pa；T_a 为环境温度，K；T_c 为柱温，K；F_c 为载气在柱后的平均流量，m^3/s。

因此，只要把准确称量的溶剂作为固定液涂渍在载体上装入色谱柱，用被测溶质作为进样，测得式(2-3-10)右端各参数，即可计算溶质 i 在溶剂中的无限稀释活度系数。

三、预习与思考

1. 活度系数在化工计算中有什么应用？举例具体说明。
2. 写出三个能用于环己烷在邻苯二甲酸二壬酯中活度系数的经验计算公式。

四、实验装置与流程

1. 实验装置与流程

本实验的装置及流程如图 2-3-2 所示。

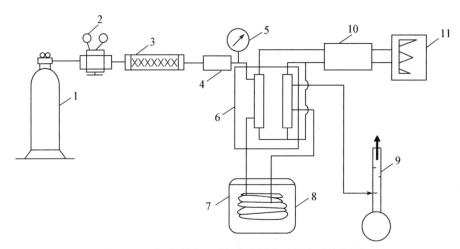

图 2-3-2　色谱法测无限稀溶液活度系数实验流程图
1. 氢气钢瓶；2. 减压阀；3. 净化干燥器；4. 稳压阀；5. 压力表；6. 热导池；
7. 气化器；8. 恒温箱；9. 皂泡流量计；10. 电桥；11. 记录仪

2. 试剂

环己烷，苯，邻苯二甲酸二壬酯。

五、实验步骤

1. 色谱柱的制备

准确称取一定量的邻苯二甲酸二壬酯(固定液)于蒸发皿中，加入适量丙酮以稀释固定液。按固定液与担体之比为 15∶100 来称取白色担体，将固定液均匀地涂渍在担体上。将涂好的固定相装入色谱柱中，并准确计算装入柱内固定相的质量(为了在规定时间内完成实验内容，实验室在实验前已准备好色谱柱)。

2. 打开钢瓶，色谱仪中的气路开通。检漏后，开启色谱仪。色谱设定条件为：柱温

60 ℃,气化温度 120 ℃,桥电流 90 mA。当色谱条件稳定后用皂膜流量计来测载气在色谱柱后的平均流量,即气体通过肥皂水鼓泡,形成一个薄膜并随气体上移,用秒表来测流过 10 mL 的体积,所用的时间控制在 20 mL/min(30 s/10 mL)左右,需测三次,取平均值。用标准压力表测量柱前压。

3. 待色谱仪基线稳定后(使用色谱数据处理机来测),用 10 μL 进样器准确取样品苯 0.2 μL,再吸入 8 μL 空气,然后进样。用秒表来测定空气峰最大值到环己烷峰最大值之间的时间。再分别取 0.4 μL、0.6 μL、0.8 μL 苯,重复上述实验。每种进样量至少重复三次(同组内数据误差不超过 1 s,各组依次差 2—3 s),取平均值。每次实验前都要记录用标准压力表测量柱前压的值。

4. 用苯作溶质,重复第 3 项操作。

5. 实验完毕后,先关闭色谱仪的电源,待检测器的温度降到 70 ℃左右时再关闭气源。

六、实验数据记录与处理

1. 原始数据记录

表 2-3-1　测定柱后载气流量记录表

表压:	
序号	收集 10 mL 气体的时间 t(s)
1	
2	
3	

表 2-3-2　环己烷和苯色谱分析实验操作参数记录表

序号	环己烷			序号	苯		
	样品量 (μL)	表压×10^2 (MPa)	校正保留时间 T_r'(s)		样品量 (μL)	表压×10^2 (MPa)	校正保留时间 T_r'(s)
1				•			
2				•			
3				•			
4				24			
柱温 T_c:				固定液标准质量 W_l:			
气化室温度:				环境温度 T_a:			
检测器温度:				桥电流:			

2. 数据处理及误差分析

由不同进样量时苯和环己烷的校正保留时间,用作图法分别求出苯和环己烷进样量趋于零时的活度系数。根据校正保留时间,由式(2-3-10)和式(2-3-11)分别计算苯和环己烷在邻苯二甲酸二壬酯中的无限稀释活度系数,并与文献值比较,求出相对误差。

表 2-3-3 实验数据记录表

溶质	进样量(μL)	停留时间(s)	柱前压(MPa)	柱后载气流量×10⁷(m³/s)	柱温柱压下的平均载气流量×10⁷(m³/s)	溶质的饱和蒸气压(kPa)	环境温度(K)	水蒸气压(kPa)
环己烷								
苯								

表 2-3-4 物质的安东尼系数表

物质名称	A	B	C
环己烷			
苯			
水			

表 2-3-5 无限稀释溶液的活度系数

溶质	实验测得的活度系数	文献记载的活度系数	相对误差
环己烷			
苯			

七、实验结果与讨论

1. 如果溶剂也是易挥发性物质,本法是否适用?

2. 苯和环己烷分别与邻苯二甲酸二壬酯所组成的溶液,对拉乌尔定律是正偏差还是负偏差?它们中哪一个活度系数较小?为什么?

3. 影响实验结果准确度的因素有哪些?

参考文献

[1] 陈新志,蔡振云,钱超,周少东. 化工热力学(第五版)[M]. 北京:化学工业出版社,2020.

[2] 冯新,宣爱国,周彩荣. 化工热力学(第二版)[M]. 北京:化学工业出版社,2019.

[3] 高光华,陈健,卢滇楠. 化工热力学(第三版)[M]. 北京:清华大学出版社,2017.

2.4　二氧化碳临界状态观测及 *p*-*v*-*T* 关系测定

一、实验目的

1. 了解 CO_2 临界状态的观测方法,增加对临界状态概念的感性认识。

2. 增加对课堂所讲的工质热力状态、凝结、气化、饱和状态等基本概念的理解。

3. 掌握 CO_2 的 *p*-*v*-*T* 关系的测定方法,学会用实验测定实际气体状态变化规律的方法和技巧。

4. 学会活塞式压力计、恒温器等热工仪器的正确使用方法。

二、实验原理

任何一种气体均有一个"临界点",气体在临界点时所对应的温度和压力称为临界温度和临界压力。当气体的温度和压力高于其临界温度和临界压力时,则称该气体为超临界流体。此时该流体的密度接近于液体的密度,而其黏度和扩散系数则与普通气体相近,这种特殊性质的超临界流体一般都具有极强的溶解能力。

利用这一原理,选用二氧化碳气体在超临界状态下与天然原料接触,有关天然成分就会溶解于超临界流体之中,达到有效成分与原料的分离。然后通过减压或升温的方法,将超临界流体中萃取的有效成分在分离器中分离出来,即得到高品质的有效成分,这就是超临界二氧化碳的简单过程。

三、预习与思考

1. 在 *p*-*v* 坐标系中绘出低于临界温度($t=20\ ℃$)、临界温度($t=31.1\ ℃$)和高于临界温度($t=50\ ℃$)的三条等温曲线,测定 CO_2 的 *p*-*v*-*T* 关系是什么? 并与标准实验曲线及理论计算值相比较,分析其产生差异的原因。

2. 测定 CO_2 在低于临界温度($t=20\ ℃$和 $t=27\ ℃$)饱和温度和饱和压力之间的对应关系,并与 t_s - p_s 曲线比较。

3. 观测临界状态

(1) 临界状态附近气液两相模糊的现象。

(2) 气液整体相变现象。

(3) 测定 CO_2 的 p_c、v_c、t_c 等临界参数,并将实验所得的 v_c 值与理想气体状态方程和范德瓦尔方程的理论值相比较,简述其差异原因。

四、实验装置与流程

整个实验装置由压力台、恒温器和实验台本体及其防护罩等三大部分组成,如图 2-4-1 所示。

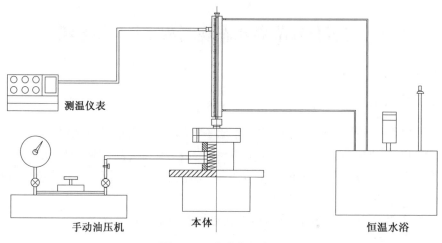

图 2-4-1　实验台系统图

实验台本体如图 2-4-2 所示。

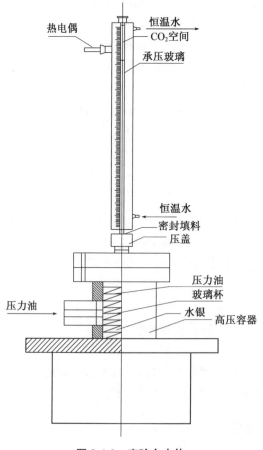

图 2-4-2　实验台本体

对于简单可压缩热力系统,当工质处于平衡状态时,其状态参数 p、v、T 之间有:

$$F(p,v,t)=0 \text{ 或 } t=f(p,v) \tag{2-4-1}$$

本实验就是根据式(2-4-1),采用定温方法来测定 CO_2 的 p-v-t 关系,从而找出 CO_2 的 p-v-T 关系。

实验中,由压力台送来的压力油进入高压容器和玻璃杯上半部,迫使水银进入预先装有 CO_2 气体的承压玻璃管,CO_2 被压缩,其压力和容器通过压力台上活塞杆的进、退来调节。温度由恒温器供给的水套里的水温来调节。

实验工质二氧化碳的压力,由装在压力台上的压力表读出(如要提高精度,可由加在活塞转盘上的平衡砝码读出,并考虑水银柱高度的修正)。温度由插在恒温水套中的温度计读出。比容首先由承压玻璃管内二氧化碳柱的高度来测量,而后再根据承压玻璃管内径均匀、截面不变等条件换算得出。

五、实验步骤

1. 按图 2-4-1 装好实验设备,并开启实验本体上的日光灯。

2. 恒温器准备及温度调节:

(1) 入恒温器内,注至离盖 30—50 mm。检查并接通电路,开动电动泵,使水循环对流。

(2) 使用电接点温度计时,旋转电接点温度计顶端的帽形磁铁,调动凸轮示标,使凸轮上端面与锁要调定的温度一致,再将帽形磁铁用横向螺钉锁紧,以防转动。使用电子控温装置时,按面板温度调节装置调整温度点。

(3) 视水温情况,开、关加热器,当水温未达到要调定的温度时,恒温器指示灯是亮的;当指示灯时亮时灭闪动时,说明温度已达到所需要恒温。

(4) 观察玻璃水套上的温度计,若其读数与恒温器上的温度计及电接点温度计标定的温度一致时(或基本一致),则可(近似)认为承压玻璃管内的 CO_2 的温度处于所标定的温度。

(5) 当需要改变实验温度时,重复步骤(2)—(4)即可。

3. 加压前的准备:

因为压力台的油缸容量比容器容量小,需要多次从油杯里抽油,再向主容器充油,才能使压力表显示压力读数。压力台抽油、充油的操作过程非常重要,若操作失误,不但加不上压力,还会损坏实验设备。所以,务必认真掌握,其步骤如下:

(1) 关闭压力表及其进入本体油路的两个阀门,开启压力台上油杯的进油阀。

(2) 摇退压力台上的活塞螺杆,直至螺杆全部退出。这时,压力台油缸中抽满了油。

(3) 先关闭油杯阀门,然后开启压力表和进入本体油路的两个阀门。

(4) 摇进活塞螺杆,使本体充油。如此反复,直至压力表上有压力读数为止。

(5) 再次检查油杯阀门是否关好,压力表及本体油路阀门是否开启。若均已调定后,即可进行实验。

4. 做好实验的原始记录:

(1) 设备数据记录:仪器、仪表名称、型号、规格、量程、精度。

（2）常规数据记录：室温、大气压、实验环境情况等。

（3）承压玻璃管内 CO_2 质量不便测量，而玻璃管内径或截面积（A）又不易测准，因而实验中采用间接办法来确定 CO_2 的比容，认为 CO_2 的比容 v 与其高度是一种线性关系。具体方法如下：

① 已知 CO_2 液体在 20 ℃，9.8 MPa 时的比容 $v(20\ ℃,9.8\ \text{MPa})=0.001\ 7\ \text{m}^3/\text{kg}$。

② 实际测定实验台在 20 ℃，9.8 MPa 时的 CO_2 液柱高度 Δh_0(m)（注意玻璃管水套上刻度的标记方法）。

③ 由于 $v(20\ ℃,9.8\ \text{MPa})=\Delta hA/m=0.001\ 17\ \text{m}^3/\text{kg}$，则

$$m/A=\Delta h/0.001\ 17=K$$

式中：K 为玻璃管内 CO_2 的质面比常数，kg/m^3。所以，任意温度、压力下 CO_2 的比容为：

$$v=\Delta h/K$$

式中：$\Delta h=h-h_0$，h 为任意温度、压力下水银柱高度；h_0 为承压玻璃管内径顶端刻度。

5. 测定低于临界温度 $t=20$ ℃时的定温线。

（1）将恒温器调定在 $t=20$ ℃，并保持恒温。

（2）压力从 4.41 MPa 开始，当玻璃管内水银柱升起来后，应足够缓慢地摇进活塞螺杆，以保证定温条件。否则，将来不及平衡，使读数不准。

（3）按照适当的压力间隔取 h 值，直至压力 $p=9.8$ MPa。

（4）注意加压后 CO_2 的变化，特别是注意饱和压力和饱和温度之间的对应关系以及液化、气化等现象。要将测得的实验数据及观察到的现象一并填入表 2-4-1。

（5）测定 $t=25$ ℃和 $t=27$ ℃时其饱和温度和饱和压力的对应关系。

6. 测定临界参数，并观察临界现象。

（1）按上述方法和步骤测出临界等温线，并在该曲线的拐点处找出临界压力 p_c 和临界比容 v_c，并将数据填入表 2-4-1。

（2）观察临界现象。

① 整体相变现象。由于在临界点时，气化潜热等于零，饱和气线和饱和液线合于一点，所以这时气液的相互转变不是像临界温度以下时那样逐渐积累，需要一定的时间，表现为渐变过程，而这时当压力稍在变化时，气、液是以突变的形式相互转化。

② 气、液两相模糊不清的现象。处于临界点的 CO_2 具有共同参数（p,v,T），因而不能区别此时 CO_2 是气态还是液态。如果说它是气体，那么这个气体是接近液态的气体；如果说它是液体，那么这个液体又是接近气态的液体。下面就来用实验证明这个结论。因为这时处于临界温度下，如果按等温线过程进行，使 CO_2 压缩或膨胀，那么管内是什么也看不见。现在，我们按绝热过程来进行。首先在压力等于 7.64 MPa 附近，突然降压 CO_2 状态点由等温线沿绝热线降到液区，管内 CO_2 出现明显的液面。这就是说，如果这时管内的 CO_2 是气体，那么这种气体离液区很接近，可以说是接近液态的气体。当在膨胀之后，突然压缩 CO_2 时，这个液面又立即消失了。这就告诉我们，这时 CO_2 液体离气区

也是非常接近的,可以说是接近气态的液体。因为此时的 CO_2 既接近气态,又接近液态,所以处于临界点附近。可以这样说:临界状态究竟如何,就是饱和气、液分不清。这就是临界点附近,饱和气、液模糊不清的现象。

　　7. 测定高于临界温度 $t = 50 ℃$ 时的定温线。将数据填入原始记录表 2-4-1。

表 2-4-1　CO_2 等温实验原始记录

$t = 20 ℃$				$t = 31.1 ℃$				$t = 50 ℃$			
p(MPa)	Δh	$v = h/K$	现象	p(MPa)	Δh	$v = h/K$	现象	p(MPa)	Δh	$v = h/K$	现象
进行等温线实验所需时间											
分钟			分钟					分钟			

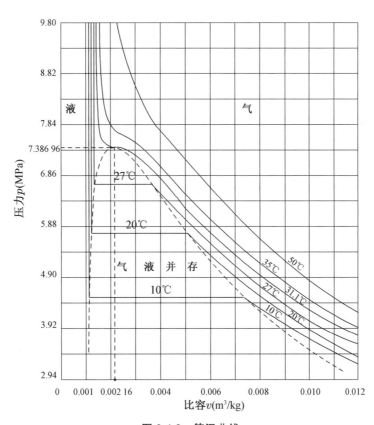

图 2-4-3　等温曲线

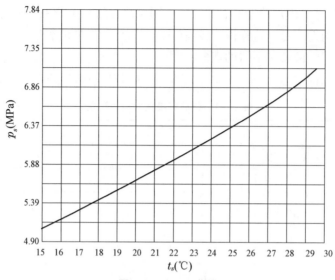

图 2-4-4 t_s-p_s 曲线

8. 将实验测定的临界比容 v_c 与理论计算值一并填入表 2-4-2,并分析它们之间的差异及其原因。

表 2-4-2 临界比容 v_c(m³/kg)

标准值	实验值	$v_c = RT_c/p_c$	$v_c = 0.375$	RT/p_c

六、实验数据处理

承压玻璃管内径顶端刻度 $h_0 = 345$ mm,$\Delta h_0 = 71$ mm,$K = 60.683$。

$T = 25$ ℃				$T = 31.1$ ℃(临界)				$T = 40$ ℃			
p (20 ℃)	20 ℃ (mm)	$v \times 10^3$ (m³/kg)	现象	p (20 ℃)	20 ℃ (mm)	$v \times 10^3$ (m³/kg)	现象	p (20 ℃)	20 ℃ (mm)	$v \times 10^3$ (m³/kg)	现象

七、实验结果与讨论

1. 按表 2-4-1 的数据,如图 2-4-3 在 $p\text{-}v$ 坐标系中画出三条等温线。

2. 将实验测得的等温线与图 2-4-4 所示的标准等温线比较,并分析它们之间的差异及原因。

3. 将实验测得的饱和温度与压力的对应值与图 2-4-4 给出的 $t_s\text{-}p_s$ 曲线相比较。

第3章 化学反应工程实验

3.1 多釜串联反应器中返混状况的测定

一、实验目的

1. 了解多釜串联反应器的返混特性、停留时间分布与多釜串联模型的关系。
2. 掌握停留时间分布测定的基本原理及测定方法。
3. 掌握停留时间分布测定实验数据的处理方法,并求取其特征值。
4. 理解多釜串联模型参数 N 的物理意义,并能求取模型参数 N。

二、实验原理

返混是连续流动的反应器内不同停留时间的物料之间的混合,通常采用返混来表述反应器内流体的流动特性。返混很难直接测得,但可以测定物料停留时间分布来求取。然而同样的停留时间分布,可以是不同的返混造成的。由于停留时间分布对应于一定的流动模型,因此可通过模型方法来表示返混的大小。

反应器内物料粒子的运动是随机的、无序的,每个粒子停留时间的大小不同,形成一个分布,所有粒子行为的统计平均性质具有一定的规律,可以用概率理论的两个函数(概率函数、概率密度函数)和两个特征值(平均值、方差)来定量描述停留时间分布,即停留时间分布密度函数、停留时间分布函数、平均停留时间和停留时间方差。

停留时间分布的实验测定方法常用的有脉冲示踪法和阶跃示踪法。本实验选用脉冲示踪法。

在器内流动稳定后,流体流量 v,瞬间在进口处加入一定量的示踪剂 Q,并立即在出口处检测不同时间流出的示踪剂浓度 $C(t)$ 响应值。

由停留时间分布密度函数的定义可知:

$$\frac{vC(t)\mathrm{d}t}{Q}=E(t)\mathrm{d}t \tag{3-1-1}$$

示踪剂的加入量可以用下式计算:

$$Q = v\int_0^\infty C(t)\mathrm{d}t \tag{3-1-2}$$

所以

$$E(t) = \frac{C(t)}{\int_0^\infty C(t)\,\mathrm{d}t} \tag{3-1-3}$$

停留时间分布函数 $F(t)$ 与停留时间分布密度 $E(t)$ 的关系为:

$$F(t) = \int_0^t E(t)\,\mathrm{d}t \tag{3-1-4}$$

将式(3-1-3)代入式(3-1-4),可得停留时间分布函数:

$$F(t) = \frac{\int_0^t tC(t)\,\mathrm{d}t}{\int_0^\infty C(t)\,\mathrm{d}t} \tag{3-1-5}$$

由停留时间分布函数的平均停留时间的定义表达式可得:

$$\bar{t} = \frac{\int_0^\infty tC(t)\,\mathrm{d}t}{\int_0^\infty C(t)\,\mathrm{d}t} \tag{3-1-6}$$

采用相同时间间隔的离散形式表达:

$$\bar{t} = \frac{\sum tC(t)\Delta t}{\sum C(t)\Delta t} = \frac{\sum t \cdot C(t)}{\sum C(t)} \tag{3-1-7}$$

根据停留时间分布函数的方差的定义表达式可得:

$$\sigma_t^2 = \frac{\int_0^\infty (t-\bar{t})^2 C(t)\,\mathrm{d}t}{\int_0^\infty C(t)\,\mathrm{d}t} = \int_0^\infty t^2 C(t)\,\mathrm{d}t - \bar{t}^2 \tag{3-1-8}$$

采用相同时间间隔的离散形式表达:

$$\sigma_t^2 = \frac{\sum t^2 c(t)}{\sum c(t)} - \bar{t}^2 \tag{3-1-9}$$

若用无因次对比时间 θ 来表示,无因次方差为:

$$\theta = t/\bar{t}, \sigma^2 = \sigma_t^2/\bar{t}^2 \tag{3-1-10}$$

多釜串联模型是把 N 个体积相同的全混釜串联反应器等价为一个非理想流动的实际反应器,即认为实际非理想流动反应器的返混情况与釜数为 N 的串联全混釜的返混程度相同。模型中的每个釜内达到完全混合,釜间没有返混。每个全混釜体积相同,可得到无因次方差与釜数 N 的关系式:

$$N = \frac{1}{\sigma^2} \tag{3-1-11}$$

釜数 N 是多釜串联模型的参数,其为虚拟值,并不是实际反应器的个数,N 数值大小并不限于整数。随釜数 N 的变化,物料的流动状态就在平推流(PFR)和全混流(CSTR)之间变化。

当 $N=1$,$\sigma^2=1$,实际反应器流动特性呈现为全混釜特征;

当 $N \to \infty$，$\sigma^2 = 0$，实际反应器流动特性表现为平推流特征；

当 $1 < N < \infty$，$0 < \sigma^2 < 1$，实际反应器流动特性介于平推流和全混釜之间。

通过多釜串联反应器的返混测定实验测得各级反应釜出口示踪剂浓度随时间变化的关系，对实验数据处理后可以得到停留时间分布情况及多釜串联流动模型，并依据反应器流动模型来评价其返混程度。

三、预习与思考

1. 测定停留时间分布函数的方法有哪几种？本实验采用的是哪种方法？
2. 模型参数 N 的数值意义是什么？
3. 何谓返混？返混的起因是什么？限制返混的措施有哪些？
4. 什么是理想流动模型？非理想流动产生的原因是什么？

四、实验装置及流程

本实验装置与流程参见图 3-1-1。实验装置由釜式反应器、搅拌器、电机、水箱、泵、流量计及电导电极、电导率仪、微机及实验操作系统软件等组成。

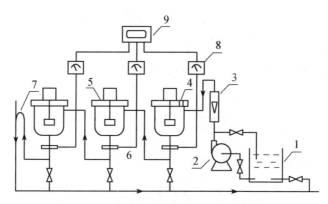

图 3-1-1　多釜串联反应器实验装置与流程图

1. 水箱；2. 水泵；3. 转子流量计；4. 示踪剂加入口；5. 釜；
6. 电导电极；7. 液位调节器；8. 电导率仪；9. 微机系统

本实验中以水作为器内连续流动的物料，采用饱和 KCl 溶液为示踪剂。实验时，水从水箱通过水泵输送，经转子流量计后，进入第一个釜式反应器，水满后再依次溢流进入第二釜和第三釜后排入地沟。待系统流量稳定后，用注射器瞬间将一定量的饱和 KCl 溶液从反应器的示踪剂进样口加入到器内，同时开始测量示踪剂的浓度（电导率）与时间的变化。

五、实验步骤

1. 实验器具与药品

饱和 KCl 溶液，烧杯（500 mL）2 只，针筒（5 mL）4 支，针头 4 个。

2．实验准备工作

（1）检查各设备仪表是否完善，读数是否正常，并熟悉仪表操作。

（2）检查水管连接情况和阀门开闭情况。

（3）打开水阀向水箱内加清水（约 2/3 水箱体积）。

（4）配制饱和的 KCl 溶液以备用。

（5）检查实验操作系统软件是否运行正常。

3．实验步骤

（1）通电，开启总电源开关；

（2）启动水泵，向釜内加水，直至各釜充满水，并能正常地从最后一级流出，调整保持釜内水面高度保持稳定，并保持稳定的流量；

（3）开动各釜搅拌装置，调节转速为某一定值；

（4）启动计算机，操作实验系统软件，并设置实验操作数据；

（5）开启电导仪开关，调整电导率仪（调零、调温度和电极常数等），备用；

（6）系统稳定后，在第一釜入口处用注射器一次迅速注入 KCl 示踪剂，同时开始采集各釜出口处示踪剂的电导率数据，观察屏幕上曲线是否正常；

（7）待实验数据稳定不变时，按下"结束"按钮，测试结束，保存实验数据；

（8）关闭各水阀门、仪器、电源，打开釜底排水阀，排清各釜中料液，将水排空；

（9）结束实验程序，关闭计算机。

4．实验操作注意事项

（1）用注射器抽取 KCl 示踪剂时，注意不要吸入杯底的晶体，以免堵塞针头。如针头堵塞，不要强行抽入，应拔出后重新操作。

（2）实验操作失误或实验结果不符合要求，应等各釜的示踪剂信号出峰并全部走平后，重复实验操作；或者把各釜的料液排尽，再置换清水，并按实验操作规程要求重做实验。

（3）当实验操作系统软件中的数据信号（电导率值）在 2 min 内没有变化时，可以认为实验已到达终点。

六、实验数据处理

1．在一定范围内，示踪剂 KCl 溶液的浓度与其电导率值成正比，所以可用电导率值来表达 KCl 溶液的停留时间变化关系，即 $C(t) \propto L(t)$，这里 $L(t) = L_t - L_\infty$，L_t 为 t 时刻的电导率值，L_∞ 为没有示踪剂时电导率值。

2．实验可以得到三釜的停留时间分布动态曲线图，其为示踪剂电导率值 L_t 与对于时间的变化关系，横轴方向对应测定的时间。

3．运用离散化方法，采取相同时间间隔取点，得到电导率值 L_t 与时间的一组数据。

4．利用离散方法公式求取停留时间分布密度函数、停留时间分布函数、平均停留时间和方差，再计算无因次方差和模型参数 N。

5. 比较其与计算机计算结果,分析偏差原因。

6. 列出数据处理结果表,讨论实验结果。

表 3-1-1　模型参数 N

搅拌转数 (r/min)	釜次	模型参数 N				备注
		1	2	3	平均值	
300	1					
	2					
	3					
500	1					
	2					
	3					

七、实验结果与讨论

1. 若实验结果 N 不等于 3,请分析其原因。

2. 讨论一下如何限制返混或加大返混程度?

3. 如果不用计算机进行数据采集,如何进行数据采集与处理?

4. 测定釜中停留时间的意义是什么?

参考文献

[1] 陈甘棠,陈建峰,陈纪忠. 化学反应工程(第四版)[M]. 北京:化学工业出版社,2021.

[2] 李绍芬. 反应工程(第三版)[M]. 北京:化学工业出版社,2013.

[3] 乐清华,徐菊美. 化学工程与工艺专业实验(第三版)[M]. 北京:化学工业出版社,2017.

[4] 谢亚杰,刘丹,胡万鹏. 化学工程核心课程实验与设计[M]. 北京:化学工业出版社,2017.

3.2 连续循环管式反应器中返混状况的测定

一、实验目的

在实际生产过程中,对某些反应需要将反应后的一部分物料按一定的比例循环返回到反应器进口,并与新鲜的物料混合再进入反应器内,这样便增大了反应物的停留时间,同时也改变了反应物料的返混程度,因此,需要通过实验测定物料循环量与返混程度之间的关系。

本实验目的是:

1. 通过实验了解连续循环管式反应器中流体的流动特性。
2. 熟悉循环比的概念,研究不同循环比下循环管式反应器的返混程度。
3. 掌握停留时间分布实验数据的统计分析方法,计算其特征值和模型参数。

二、实验原理

在连续流动管式反应器中假如没有物料的循环,器内物料的返混程度类似于平推流管式反应器的返混特性,但是管内仍会存在流体的速度分布和扩散,会造成比较小的返混。当反应器出口的物料又从入口返回反应器内时,即物料循环操作,将引起反应器内流体的返混,其返混的程度与循环量大小有关。物料循环量的大小常用循环比 R 来表示,其定义为:

$$R = \frac{\text{循环物料的体积流量}}{\text{离开反应器物料的体积流量}}$$

式中,离开反应器物料的体积流量等于反应器进料的体积流量。

循环比 R 是连续循环管式反应器的重要特征,其值变化范围从零到无穷大。

当 $R=0$ 时,连续循环管式反应器相当于平推流管式反应器;

当 $R=\infty$ 时,连续循环管式反应器相当于全混流釜式反应器;

当 $0<R<\infty$ 时,连续管式循环反应器属于非理想流动反应器。

实验中通过调节循环比 R,可以调控管式反应器内流体的流动特性,即可得到不同返混程度的反应系统。当循环比大于 20 时,管式反应器内物料的流动模型类似于全混流。

三、预习与思考

1. 示踪剂输入的方法有几种? 为什么脉冲示踪法应该瞬间注入示踪剂?
2. 连续流动管式反应器与循环流动管式反应器有什么不同?
3. 为什么要在流量稳定一段时间后才能开始实验?
4. 为什么采用数学模型描述返混程度? 本实验采用什么数学模型? 该参数值的大小说明了什么?

四、实验装置及流程

实验装置与流程参见图 3-2-1。本实验装置由管式反应器、循环管路、水箱、泵、流量计及电导电极、电导率仪等组成。管式反应器中装有 5 mm 拉西瓷环的填料。

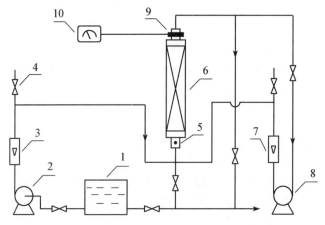

图 3-2-1　管式反应器实验装置与工艺流程图

1. 水箱;2. 进料泵;3. 进料流量计;4. 放空阀;5. 示踪剂加入口;6. 管式反应器;

7. 循环流量计;8. 循环泵;9. 电导电极;10. 电导率仪

本实验以水为连续流动的物料,用饱和 KCl 溶液为示踪剂。实验时,水从水箱通过进料泵输送,经转子流量计测量流量后,从底部进入管式反应器,在反应器出口处物料分为两路,一路经电极测量电导率后排入地沟,另一路物料按一定的循环比通过泵和流量计后返回管式反应器。待物料流量稳定后,用注射器瞬间将一定量的饱和 KCl 溶液从反应器底部的示踪剂进样口加入器内,同时开始测量示踪剂的浓度(电导率)与时间的变化。

五、实验步骤

1. 实验器具与药品

饱和 KCl 溶液,烧杯(500 mL)2 只,针筒(5 mL)4 支,针头 4 个。

2. 实验准备工作

(1) 检查各仪表是否完善,读数是否正常,并熟悉仪表的操作。

(2) 检查水管连接情况和阀门开闭情况。

(3) 熟悉实验流程和物料线路。

(4) 配制饱和 KCl 溶液以备用。

(5) 打开水阀向水箱内加入清水(约 2/3 水箱体积)。

(6) 设定进料流量:3—30 L/h,按实验的循环比计算循环物料的体积流量。

3. 实验步骤

(1) 开启电源开关。

（2）开动进水泵，让水注满管路，然后缓慢打开放空阀，排尽管道内的气体，待空气排尽后关闭放空阀。

（3）调节进水流量，并保持一定的进料流量。

（4）打开循环水泵，调节循环水流量，按循环比保持稳定的循环水流量。

（5）用注射器将饱和 KCl 溶液加入到管式反应器底部的示踪剂加入口内。

（6）开始记录电导率值随时间变化的数据，观察电导率值随时间的变化情况，直到终点。

（7）改变循环比（如 R＝0、3、5…），重复上述实验步骤。

（8）实验结束，用水清洗管道 5 min，然后依次关闭流量计、电导率仪、水泵、总电源。

4. 实验操作注意事项

（1）用注射器抽取 KCl 示踪剂时，注意不要吸入杯底的晶体，以免堵塞针头。

（2）实验过程要注意水箱的水位，当水偏低时要及时加水。

（3）当实验操作系统软件中的数据信号（电导率值）在 2 min 内没有变化时，可认为实验已达终点。

六、实验数据处理

1. 在一定范围内，示踪剂 KCl 的浓度与其电导率值成正比，所以可用电导率值来表达 KCl 溶液的停留时间变化关系，即 $C(t) \propto L(t)$，这里 $L(t) = L_t - L_\infty$，L_t 为 t 时刻的电导率值，L_∞ 为没有示踪剂时电导率值。

2. 分别选择不同循环比的实验数据，根据离散点的公式，也可用辛普森积分，计算平均停留时间、方差，再计算无量纲方差和模型参数。

3. 列出数据处理结果表。

七、实验结果与讨论

1. 分析比较本实验循环比的平均停留时间和方差，谈谈是什么原因造成了其数据的不同？

2. 讨论为什么采取物料循环的方式？

3. 比较和讨论不同的循环比下循环管式反应器内的流动特征的差异。

4. 如何降低连续管式反应器的返混？

参考文献

[1] 陈甘棠,陈建峰,陈纪忠. 化学反应工程(第四版)[M]. 北京:化学工业出版社,2021.

[2] 李绍芬. 反应工程(第三版)[M]. 北京:化学工业出版社,2013.

[3] 乐清华,徐菊美. 化学工程与工艺专业实验(第三版)[M]. 北京:化学工业出版社,2017.

[4] 成春春,赵启文,张爱华. 化工专业实验[M]. 北京:化学工业出版社,2021.

3.3　鼓泡反应器中气泡比表面及气含率测定

一、实验目的

气液鼓泡的反应器中进行的气液反应是以两相界面的传质为前提,而气泡比表面是表征两相界面大小的参量,气含率是影响气泡比表面的重要参数,所以可以通过气液鼓泡反应器的气泡表面积和气含率来判断鼓泡反应器的流动状态、传质特性及传质效率。

本实验目的为:

1. 了解气液鼓泡塔反应器的结构和操作方法。
2. 掌握静压法测定气含率的原理与方法。
3. 掌握气液比表面的估算方法。
4. 测定气液鼓泡塔的气含率和气液比表面。

二、实验原理

1. 气含率

气含率是鼓泡反应器中气相部分所占的体积分率,直接影响鼓泡反应器内气液两相的接触面积,影响了气液两相的传质速率,从而影响到气液两相的反应速率,所以气含率是表征鼓泡反应器流体力学特性的基本参数,也是鼓泡反应器设计的重要参数。

实验测定气含率的方法有很多,其中静压法是比较精确的一种方法,它的基本原理是依据伯努利方程。静压法可测定各段平均气含率,也可测定某一水平位置的局部气含率。根据伯努利方程有:

$$\varepsilon_G = 1 + \left(\frac{g_c}{\rho_L g}\right)\left(\frac{\mathrm{d}p}{\mathrm{d}H}\right) \qquad (3\text{-}3\text{-}1)$$

采用 U 型压差计测量时,两测压点平均气含率为:

$$\varepsilon_G = \frac{\Delta h}{H} \qquad (3\text{-}3\text{-}2)$$

改变气液鼓泡反应器的空塔气速,气含率 ε_G 会随之相应变化,二者关系如下:

$$\varepsilon_G \propto u_G^n \qquad (3\text{-}3\text{-}3)$$

式中 n 取决于器内的流动状况。对安静鼓泡流,n 在 0.7—1.2 之间取值;在湍动鼓泡流或过渡流区,u_G 影响较小,n 在 0.4—0.7 范围内取值。

假定

$$\varepsilon_G = k u_G^n \qquad (3\text{-}3\text{-}4)$$

则

$$\lg \varepsilon_G = \lg k + n \lg u_G \qquad (3\text{-}3\text{-}5)$$

根据测得气速与气含率的实验数据,以 $\lg \varepsilon_G$ 对 $\lg u_G$ 作图标绘,或用最小二乘法进行数据拟合求解,可得到关系式中参数 k 和 n 值。

2. 气泡比表面积

气泡比表面是单位液相体积的相界面积,即气液接触面积,也称比相界面积,其是气液鼓泡反应器设计的重要参数。许多学者采用了光透法、光反射法、照相技术、化学吸收法和探针技术等方法测量气泡比表面,形成了比较公认的计算方法,计算过程如下:

气泡比表面 a 可通过平均气泡直径 d_{us} 与相应的气含率 ε_G 计算:

$$a = \frac{6\varepsilon_G}{d_{us}} \tag{3-3-6}$$

Gestrich 比较了许多学者的计算气泡比表面 a 的关系式,并整理得到气泡比表面 a 的计算公式:

$$a = 2\,600\left(\frac{H_0}{D}\right)^{0.3} K^{0.003} \varepsilon_G \tag{3-3-7}$$

方程式适用范围:

$$u_G \leqslant 0.60\ \mathrm{m/s}$$

$$2.2 \leqslant \frac{H_0}{D} \leqslant 24$$

$$5.7 \times 10^5 \leqslant K < 10^{11}$$

在一定的气速 u_G 下,通过实验测定鼓泡反应器的气含率 ε_G 的数据,就可以间接得到气液比表面 a。Gestrich 经大量数据比较,其计算偏差在 $\pm 15\%$ 之内。

三、预习与思考

1. 为什么要测定气含率和气泡比表面?
2. 影响鼓泡塔气含率的因素有哪些?
3. 静压法测定气含率的基本原理是什么?
4. 为什么采用气体分布器?
5. 气液鼓泡反应器是如何划分流动区域的?

四、实验装置与流程

本实验装置如图 3-3-1 所示。实验室气液相鼓泡反应器直径 15 cm,高为 1.5 m,气体分布器采用 O 型,并有若干小孔使气体达到一定的小孔气速。反应器用有机玻璃管加工,便于观察。壁上沿轴向开有一排小孔与 U 型压力计相接,用于测量压差。

由空气压缩机来的空气经转子流量计计量后,通过鼓泡反应器的进口;反应器预先装水至一定高度;气体经气体分布器通入床层,并使床层膨胀,记下床层沿轴向的各点压力差数值。改变气体通入量可使床层含气率发生变化,并使床层气液相界面相应变化。

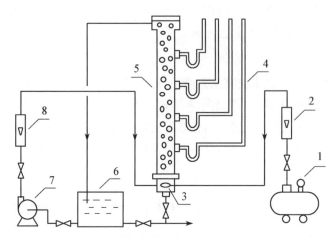

图 3-3-1 鼓泡反应器气泡比表面及气含率测定实验装置

1. 空气压缩机;2. 气体流量计;3. 气体分布器;4. U 型管压差计;
5. 鼓泡塔;6. 水箱;7. 水泵;8. 液体流量计

五、实验步骤

1. 将清水加入反应器床层中,至一定刻度(1 m 处)。

2. 检查 U 型压力计中液位在一个水平面上,防止有气泡存在。

3. 通空气开始鼓泡,并逐渐调节流量值。

4. 观察床层气液两相流动状态。

5. 稳定后记录各点 U 型压力计刻度值。

6. 改变气体流量,重复上述操作(可做 8—10 个条件)。

7. 关闭气源,将反应器内清水放尽。

六、实验数据处理

气体流量可在空塔气速 0.05 m/s—0.50 m/s 中选取 8—10 个实验点。记录下每组实验点的气速,各测压点读数,并由式(3-3-2),计算每两点间的气含率,从而求出全塔平均气含率 ε_G;按不同空塔气速 u_G 下的实验结果,在双对数坐标纸上以 ε_G 对 u_G 进行标绘,或用最小二乘法拟合,可以得到式(3-3-4)之参数 k 与 n。

利用式(3-3-7)计算不同气速 u_G 下的气泡比表面 a,并在双对数坐标纸上绘出 a 与 u_G的关系曲线。

七、实验结果及讨论

1. 根据实验结果分析气速与气含率和气泡比表面的关系。

2. 讨论气速与气液鼓泡反应器内流动状态的变化情况。

3. 根据实验结果讨论气含率与气速关系,分析产生实验误差的原因。

参考文献

［1］姜信真. 气液反应理论与应用基础［M］. 北京:轻工业出版社,1989.

［2］陈甘棠,陈建峰,陈纪忠. 化学反应工程(第四版)［M］. 北京:化学工业出版社,2021.

［3］乐清华,徐菊美. 化学工程与工艺专业实验(第三版)［M］. 北京:化学工业出版社,2017.

3.4 流化床反应器的特性测定

一、实验目的

1. 了解流化床的基本特性,掌握流化床的操作方法。
2. 学会用光导纤维测定技术测量流化床的颗粒密度。
3. 了解流化床颗粒特性、流体特性及流化速度与压降关系。

二、实验原理

将固体颗粒堆放在多孔的分布板上形成一个床层,当流体自下而上地流过颗粒物料层时,在低流速范围内,床层的压降随流速的增加而增加,当流速不超过某值时,流体只能从颗粒间隙中通过,粒子仍然相互接触并处于静止状态,属于固定床范围。当流体流速增大至某值后床层内粒子开始松动,流速再增加则床层膨胀,空隙率增大,粒子悬浮而不再相互支撑并且处于运动状态,此时容器内床层有明显的界面。床内压降在开始流化后随流速增加而减小,此后再加大流速时压降也基本上不改变。当流体速度增大至粒子能自由沉降时,粒子就会被带出,流速越大带走的越多,流速提高到一定数值则会将床内所有粒子带走形成空床,相应的流速为终端速度,其关系如图 3-4-1 所示。

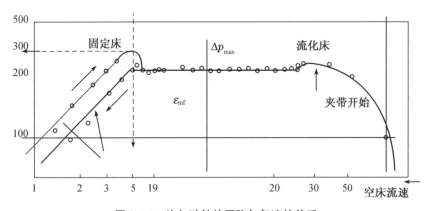

图 3-4-1 均匀砂粒的压降与气速的关系

图中 u_{mf} 是临界流化速度,空床线速超过该值后才能开始流化,亦称最小流化速度。在临界流化时,床层所受气体向上的曳力与重力相等。即

$$\Delta p \cdot A_t = W \tag{3-4-1}$$

以 L_{mf} 表示起始流化时的床高,ε_{mf} 表示床层空隙率,则式(3-4-1)可写成:

$$\Delta p \cdot A_t = (A_t \cdot L_{mf})(1-\varepsilon_{mf})(\rho_s - \rho_g) \tag{3-4-2}$$

$$\frac{\Delta p}{L_{mf}} = (1-\varepsilon_{mf})(\rho_s - \rho_g) \tag{3-4-3}$$

对于不同尺寸的颗粒,临界流化速度由下式算出:

$$u_{mf} = \frac{d_p^2(\rho_s - \rho_g)g}{1\,650\mu} \quad (Re_p < 20) \tag{3-4-4}$$

$$u_{mf} = \frac{d_p(\rho_s - \rho_g)g}{24.5\rho_g} \quad (Re_p > 1\,000) \tag{3-4-5}$$

在流化床操作的上限,气速近似于颗粒的速度,其值由流体力学估算:

$$u_t = \left[\frac{4gd_p(\rho_s - \rho_g)}{3\rho_g c_d}\right]^{\frac{1}{2}} \tag{3-4-6}$$

对于球形颗粒,将 $c_d = 24/Re_p$,$Re_p < 0.4$,$c_d = 10/Re_p^{\frac{1}{2}}$,$0.4 < Re_p < 500$ 代入式(3-4-6)可得

$$u_t = \left[\frac{4(\rho_s - \rho_g)^2 g^2}{225\rho_g\mu}\right]^{\frac{1}{2}} d_p \quad (0.4 < Re_p < 500) \tag{3-4-7}$$

$$u_t = \frac{g(\rho_s - \rho_g)d_p^2}{18\mu} \quad (Re_p < 0.4) \tag{3-4-8}$$

u_t/u_{mf} 之值与气固特性有关,一般在 10:1 和 90:1 之间,它是操作能否机动灵活的一项指标。

光导探针是由多股光导纤维整齐排列而成的传感器,尾端把光导纤维按奇偶分为两束,分别输入和接受反射光信号。无固体粒子存在时,反射光信号微弱,并定为零。光线照射到固体粒子上时,反射光经光电变换为电信号并由积分仪积分,在一定时间内的积分值反映了测量点的床层密度相对值。

三、预习与思考

1. 实际流化时,由压差计测得的广义压差为什么会波动?
2. 由小到大改变流量测定的流化曲线是否重合? 为什么?
3. 流化床底部流体分布板的作用是什么?

四、实验装置与流程

实验装置和流程如图 3-4-2 所示,主要由流化床、空压机、稳压系统和光导纤维探针等测定系统和进料系统组成。固体物料为铜粉,其主要参数为:$d_p = 0.215$ mm,$\rho_{堆} = 5.33$ g/cm³,$\rho_{mf} = 5.05$ g/cm³,$u_{mf} = 0.15$ m/s。

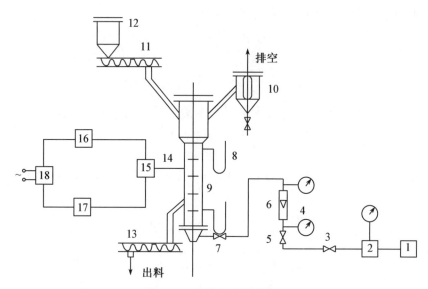

图 3-4-2   流化床实验流程图

1. 空压机；2. 稳压罐；3. 减压阀；4. 压力表；5. 调节阀；6. 转子流量计；7. 截止阀；
8. 压力计；9. 流化床；10. 过滤器；11. 进料绞龙；12. 料罐；13. 出料绞龙；14. 光导
探针；15. 光电源；16. 定时数字积分仪；17. SC16 光线示波器；18. 稳压电源

五、实验步骤

1. 检查实验设备，将压差计与床层连接阀断开。

2. 打开压差计床层连接阀和供气减压阀，使空气缓慢流入床层。注意观察床层从固定床→流化床→流体输送阶段的变化。

3. 当流速稳定在某一值 u_0 时，用光导纤维测定床层内某点的密度。

4. 将气体流速从大到小再按步骤 2 做一遍。观察床层的变化，记录 u_0 与对应的床层压降 Δp。

六、实验数据处理

1. 以 $\lg \mu$ 为横坐标，以 $\lg \Delta p$ 为纵坐标，作图得到 $\lg \mu \sim \lg \Delta p$ 曲线，由曲线求出临界流化速度 u_{mf}。

2. 将测得点密度积分值按式(3-4-9)算出点密度。

$$\rho = \rho_{mf} N / N_{mf} \qquad\qquad (3\text{-}4\text{-}9)$$

全文符号：

Δp——床层压降，kPa/m；

W——固体粒子质量，kg；

A_t——床层截面积，m^2；

ρ_g——气体密度，kg/m^3；

ρ_s——固体粒子密度，kg/m；

L_{mf}——临界流化床高度，m；

ε——床层空隙率；

N——操作条件下点密度相对值；

N_{mf}——起始流化条件下点密度相对值；

ε_{mf}——临界流化床层空隙率；

d_p——颗粒直径，m；

u_{mf}——床层临界流化速度，m/s；

u_t——床层带出速度，m/s。

七、实验结果与讨论

1. 分析讨论流化态过程所观察的现象，与理论进行比较，并说明固定床和流化床的不同特点。

2. 由经验公式计算临界流化速度和最大流化速度，并与实验值进行比较分析，根据气固和液固流化床的费劳德数、膨胀比、流化数的数值分析实验结果。

3. 用停留时间发布测定结果分析流化床的流动状况。

3.5 乙醇气相脱水制乙烯动力学实验

一、实验目的

1. 掌握乙醇脱水实验反应过程和反应机理、特点，了解副反应和生成副产物的过程。

2. 学习气固相管式催化反应器构造、原理和使用方法，学习反应器正常操作和安装，掌握催化剂评价一般方法和获得适宜工艺条件的研究步骤。

3. 学习自动控制仪表使用，学会设定温度和加热电流大小，掌握控制床层温度分布。

4. 学习气体在线分析的方法和定性、定量分析，学习如何手动进样分析液体成分。了解气相色谱的原理和构造，掌握色谱的正常使用和分析条件选择。

5. 学习微量泵与蠕动泵原理和使用方法，学会使用湿式流量计测量流体流量。

二、实验原理

在 γ - Al_2O_3 为催化剂的条件下，乙醇脱水的反应产物随着反应温度的不同而有差异。温度越高，越容易生成乙烯；温度越低，越容易生成乙醚。通过改变反应温度和反应的进料速度，可以得到不同反应条件下的实验数据；通过对气体和液体产物的分析，可以得到反应的最佳工艺条件和动力学方程。反应机理如下：

主反应：

$$CH_3CH_2OH \longrightarrow CH_2 = CH_2 + H_2O$$

副反应：

$$CH_3CH_2OH \longrightarrow CH_3CH_2OCH_2CH_3 + H_2O$$

在实验中，两个反应生成的产物乙醚和水以及未反应乙醇留在了液体冷凝器中，而产物乙烯是挥发气体，进入尾气湿式流量计计量总体积后排出。

对于不同反应温度，通过计算不同转化率和反应速率，可得到不同反应温度下反应速率常数，并得到温度关联式。

三、预习与思考

1. 乙醇反应转化率的提高与哪些因素有关系？详细说明原因。

2. 怎样计算乙烯收率？应如何提高生成乙烯的选择性？

四、实验装置与流程

1. 实验药品

乙醇脱水催化剂 γ - Al_2O_3，化学纯无水乙醇（ρ = 0.79 g/mL），分析纯乙醚，蒸馏水。

2. 实验流程

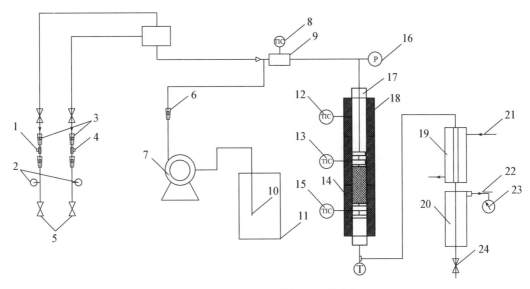

图 3-5-1 变压吸附装置及工艺流程

1. 200 mL/min N/2 质量流量计;2. 压力,0.4 KPa Y60 接面板;3. Φ3 单向阀;4. 300 mL/min N/2 质量流量计;5. 原料气;6. 单向阀;7. 蠕动泵 BQ805(面板式);8. 预热温度;9. 预热器;10. 乙醇;11. 1 000 mL 玻璃贮液瓶;12. 上段温度;13. 中段温度;14. 催化剂颗粒;15. 下段温度;16. 0.4 MPa 压力泵 Y60 轴向带边;17. 管式反应器 Φ20×520 mm;18. 开式加热炉 Φ280×500 mm;19. 冷凝器;20. 气液分离器;21. 冷凝水;22. 气体;23. 5 L 湿式气体流量计固定在底部面板上;24. 阀 5

五、实验步骤

1. 打开 H_2 钢瓶,使柱前压达到 0.5 kg/cm² ,确认色谱检测中载气通过后启动色谱,柱温 110 ℃,气化室 130 ℃,检测室温达到 120 ℃,待温度稳定后,打开热导池微电流放大器开关,调电流至 100 mA。

2. 将反应器加热温度设定为 260—380 ℃,预热器温度设定为 100 ℃(可根据反应器温度分配情况调节),阀箱温度设定为 100 ℃。温度设定无误后,打开加热开关,在开始加热时可用自整定设置。

3. 在温度达到设定值后,继续稳定 10—20 min,然后开始加入乙醇。乙醇加料速度为 0.5—3.0 mL/min。

4. 反应进行 20 min 后,正式开始实验。记录湿式流量计读数,应每隔一定时间记录反应温度、压力等实验条件。

5. 在一个恒定的乙醇进料速率的条件下反应 30 min,用洗净的取样瓶取出气液分离器内的液体,并称量(此前要称好取样瓶的质量),其差值即为半小时液体的量,记下此刻湿式流量计的读数。

6. 及时对接取的液体进行色谱分析，并记下相关的数据。

7. 在 240—380 ℃之间选取五个温度，改变三次进料速度，测定各种条件下的数据。

8. 实验完毕，先关反应器，后关冷却水；先关色谱仪，后关闭 H_2。

9. 在实验间隙中利用无水乙醇、无水乙醚配制标准溶液，并对标准溶液进行色谱分析，以确定水、无水乙醇、无水乙醚的相对校正因子，为后续反应残液的定量分析做准备。

六、实验数据记录与处理

1. 实验数据记录表

实验号	进料量 (mL/min)	反应温度		产物含量,wt%(色谱峰面积)				半小时的量
				乙烯	水	乙醇	乙醚	
1								

2. 数据处理

实验号	反应温度	乙醇进料量 (mL/min)	产物组成(mol%)				乙醇转化率 (%)	乙烯收率 (%)	γ	C_A	K
			乙烯	水	乙醇	乙醚					

七、实验结果与讨论

1. 改变气相色谱的柱箱温度对分离效果有什么影响？怎样确定最适应的分析条件？

2. 求取反应动力学方程有何意义？本征动力学和宏观动力学有什么用途和区别？

参考文献

[1] 陈甘棠,陈建峰,陈纪忠.化学反应工程(第四版)[M].北京:化学工业出版社,2021.

[2] 李绍芬.反应工程(第三版)[M].北京:化学工业出版社,2013.

第4章 化学分离工程实验

4.1　离子交换实验

一、实验目的

1. 加深对离子交换基本理论的理解，了解离子交换在净水过程中的应用。
2. 掌握离子交换法制备去离子水的实验操作方法。
3. 学会使用手持式盐度计，掌握 pH 计、电导率仪的校正及测量以及用电导仪分析去离子水的方法。

二、实验原理

离子交换法是借助离子交换剂上的离子和废水中的离子进行交换反应而除去废水中有害离子的方法。离子交换是特殊吸附过程，通常是可逆性的化学吸附，其特点是吸附水中离子化物质，并进行等量电荷的离子交换。

离子交换树脂是有机高分子离子交换剂。一般在离子交换树脂网状结构骨架上有许多可以与溶液中离子起交换作用的活性基团。根据活性基团的不同，阳离子交换树脂可分为强酸性和弱酸性离子交换树脂，阴离子交换树脂又可分为强碱性和弱碱性离子交换树脂。制备纯水一般选用强酸性阳离子交换树脂和强碱性阴离子交换树脂。离子交换树脂制备去离子水的交换机制如下：

强酸性阳离子交换树脂：

$$R\!-\!SO_3H + Na^+ \underset{再生}{\overset{交换}{\rightleftharpoons}} R\!-\!SO_3Na + H^+$$
$$\text{氢型} \qquad\qquad\qquad \text{钠型}$$

强碱性阴离子交换树脂：

$$RN(CH_3)_3OH + Cl^- \underset{再生}{\overset{交换}{\rightleftharpoons}} RN(CH_3)_3Cl + OH^-$$
$$\text{羟型} \qquad\qquad\qquad\qquad \text{氯型}$$

式中，R 表示离子交换树脂本体，用 Na^+ 和 Cl^- 分别表示水中的阴阳离子杂质，交换下来的 OH^- 和 H^+ 结合成水。

水中各种无机盐类电离成的阴、阳离子，经过氢型离子交换剂时，水中的阳离子被氢离子所取代,经过氢氧型离子交换剂时,水中的阴离子被氢氧根离子所取代,进入水中的氢离子和氢氧根离子组成水,或者在经过混合床离子交换剂时,阳、阴离子几乎同时被氢离子和氢氧根离子所取代生成水分子,从而去除水中无机盐类。

三、预习与思考

为什么经过阳离子和阴离子交换树脂交换处理后,出水的盐度计读数和电导率读数还是比较大? 而经过混合交换树脂处理后,出水的盐度计读数和电导率读数明显减小?

四、实验装置与流程

1. 实验药品

去离子水,重金属废水。

2. 实验装置

本实验装置由四根柱子组成,从左到右第一根为砂滤柱,第二根为阳离子交换柱,第三根为阴离子交换柱,第四根为阴、阳离子混合交换柱。采用上进下出的进水方式进行处理实验。

使用本实验装置可以对自来水进行脱盐分处理;或者采用纯净水加盐的方法人工配制水进行处理实验;或者采用纯净水加重金属离子的方法,人工配制模拟重金属废水进行处理实验。注意:由于本实验装置中的离子交换树脂量有限,为了延长树脂的使用寿命,故在配制实验用水时浓度不宜过高,一般控制在 10—50 mg/L 之间。

五、实验步骤

1. 实验流程

(1)实验前的准备:检查关闭进水箱和出水箱的排空阀门以及进水流量计的调节阀。将实验水倒入进水箱。

(2)首先制订好实验方案。

如采用自来水或纯水加盐的方法来进行脱盐处理实验,要准备好盐度计。如采用配制重金属离子实验水进行实验,要准备好检测重金属的分析方法,制订好进水流量和交换时间等一系列实验条件。

(3)插上进水泵电源插头,水泵开始工作,慢慢打开流量计调节阀,让流量计转子处于1/3位高度。慢慢打开最后一根离子交换柱的下端出水阀(不要开大),开至出水流量与进水流量基本平衡(流量计转子基本处于1/3位高度)。然后再调节流量计至需要的实验流量,并开始计时。

(4)实验水动态流经三根离子交换柱一定时间后(实验时间),慢慢打开阳柱和阴柱的下端出水阀,分别取阳柱、阴柱和混合柱的出水,测定相应的检测项目(如盐度、重金属离子浓度等)。阳柱和阴柱取完水样后要立即关闭出水阀。

(5)在整个实验过程中,如果出现离子交换柱的上端积累太多空气的现象,则可打开上端的排积气阀,排除多余的空气后关闭排积气阀。

（6）实验完毕后的整理:实验结束,关闭最后一根混合柱的出水阀,关闭进水流量计的调节阀;拔掉进水泵电源插头;放空进水箱和出水箱;用自来水清洗进水箱和出水箱;放空进水箱和出水箱的积水(砂滤柱和离子交换柱内始终保持满水状态,下次实验备用)。

2. 实验注意事项

当设备长期不使用后重新开始使用,由于水泵的泵体中留有空气,可能会引起的泵水不正常,或没有水被泵出。此时要立刻关闭水泵,水泵的缺水运转易损坏水泵。可采用挤、捏皮管和交替开启水泵、关闭水泵的方法来排除空气,直到泵正常工作为止。

六、实验数据记录与处理

1. 实验数据记录表

表 4-1-1　离子交换实验数据记录表

原水特性:温度_____;pH _____;电导率_____;盐度_____

出水水质 交换柱 水流速度	阳离子交换柱			阴离子交换柱			阴阳离子交换柱		
	盐度 (ppm)	pH	电导率 (μS/cm)	盐度 (ppm)	pH	电导率 (μS/cm)	盐度 (ppm)	pH	电导率 (μS/cm)
50 L/h									
20 L/h									

表 4-1-2　离子交换实验盐度去除率表

交换柱水流速度 出水水质	50 L/h	20 L/h
阳离子交换柱		
阴离子交换柱		
阴阳离子交换柱		

2. 盐度去除率的计算

$$盐度去除率 = \frac{原水样盐度 - 交换柱出水样盐度}{原水样盐度} \times 100\%$$

3. 数据规律分析

分析出水水质盐度、pH、电导率各参数值变化情况。

七、实验结果与讨论

为了防止锅炉积垢,常常要对锅炉用水进行软化处理,如果采用离子交换树脂来处理锅炉用水,需要采用什么类型的离子交换树脂,为什么?

参考文献

[1] 田维亮. 化学工程与工艺专业实验[M]. 上海：华东理工大学出版社，2015.

[2] 孙昱东. 化学工程与工艺专业实验[M]. 北京：石油工业出版社，2013.

[3] 邱奎等. 化工生产综合实训教程[M]. 北京：化学工业出版社，2016.

4.2　分子筛变压吸附制氧实验

一、实验目的

本实验采用变压吸附分离方法,用空气为原料,以 5A 型沸石分子筛为吸附剂,通过改变吸附床层的压力,对空气进行选择性吸附脱除氮气,制出纯度较高的氧气,并测定氧含量和吸附柱的穿透曲线。此外,还可通过实验进行吸附剂的筛选与性能的测定。实验的目的为:

1. 熟悉分子筛变压吸附提纯氧气的基本原理。
2. 掌握变压吸附过程的主要影响因素。
3. 掌握吸附床穿透曲线的测定方法。
4. 掌握变压吸附实验装置和操作方法。

二、实验原理

吸附分离是多孔固体物质在范德华力或化学键合力的作用下选择性吸引某一组分附着于固体表面,从而实现气体或液体混合物的分离。完整的吸附分离过程是由吸附与解吸(脱附)两个步骤循环操作所组成,可以通过改变操作压力或调节温度等方法实施吸附和解吸的循环操作,因而吸附分离过程可分为变压吸附分离和变温吸附分离。变压吸附过程属于物理吸附,是在较高压力下进行吸附,在较低压力下解吸被吸附的组分。

固体吸附剂表面的原子具有剩余的表面自由力场或表面引力场,当气体分子扩散到达固体表面或表面引力场作用范围时,气体分子就会被吸附到吸附剂的表面上。当固体表面吸附的分子数量逐渐增加而达到饱和时,此时吸附达到平衡。通过降压或升温,将会解吸被吸附的气相组分。

要实现吸附分离气体混合物,混合物组分之间必须在分子扩散速率或表面吸附能力上存在明显的差异。沸石分子筛是一种微孔结构均匀和选择性高的固体吸附剂,其晶穴内具有较强的极性,能与含极性基团的分子发生强吸附的作用,或者诱导可极化的分子极化而产生强吸附作用。氮气的四极矩要强于氧气,极化率也大于氧气,其与分子筛中的阳离子及其极性表面作用要强于氧气,因而 5A 沸石分子筛对氮气的平衡吸附量大于对氧气的平衡吸附量,具有较高的 N_2/O_2 选择分离系数,能选择性地吸附氮气,使空气中的氧气分离出来,从而得到提纯。

当吸附剂达到饱和时,便失去吸附能力,此时吸附不能继续操作。吸附操作控制参数可以用吸附时间表示。在一定的吸附剂用量、吸附压力和气体流速条件下,可以通过测定吸附床的穿透曲线来确定吸附时间。

穿透曲线表示吸附床层出口物料中吸附质(被吸附的物质)的浓度随时间的变化关系。穿透曲线如图 4-2-1 所示,穿透曲线为 S 形,在曲线拐点 a 之前,出口吸附质的浓度基本保持不变。越过拐点 a 之后,吸附质的出口浓度随时间增加而变大,达到拐点 b 之后趋于入口浓度,此时,吸附床层已趋向饱和。一般称拐点 a 为穿透点,拐点 b 为饱和点。通常将出口浓度达到进口浓度的 95% 的点确定为饱和点,而穿透点的浓度应根据产品质量要求来定,一般略高于目标值。图中 t_0 是穿透点对应的吸附时间,吸附床实际的吸附操作应控制在穿透点之前。

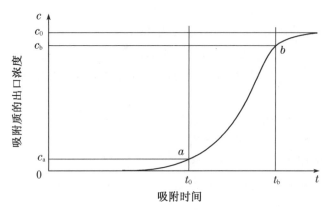

图 4-2-1　吸附床的穿透曲线

三、预习与思考

1. 什么是吸附床穿透曲线?
2. 什么是吸附机理?
3. 5A 型沸石分子筛吸附剂的结构特征是什么?
4. 一个完整的吸附循环包括哪些操作步骤?

四、实验装置和流程

1. 实验药品

无水氯化钙,变色硅胶,5A 型分子筛($\phi1$ mm)。

2. 实验装置

本实验变压吸附装置如图 4-2-2 所示,包括空气压缩机、缓冲罐、无水氯化钙干燥器、变色硅胶干燥器、分子筛干燥器、稳压阀、压力变送器、三位五通中封管接电磁阀、可切换操作的吸附柱(A柱、B柱)、控氧仪、转子流量计、压力数字显示器和调节阀等设备。

3. 实验流程

空气通过空气压缩机后被输送到干燥器中进行干燥,然后进入吸附柱,在一定压力、温度和气体流速条件下由 5A 型分子筛吸附空气中的氮气,分离得到较高纯度的氧气,并通过控氧仪测定出口气体物流中氧气的浓度,最后在降压条件下脱附。实验过程使用三位五通中封管接电磁阀和时间继电器(回流比控制器)控制变压吸附器进行吸附和解吸操作。

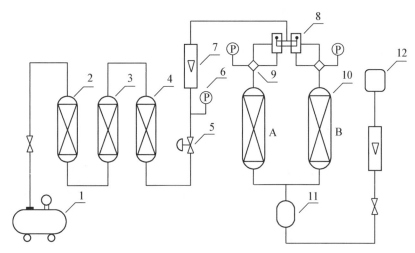

图 4-2-2　变压吸附装置及工艺流程

1. 空气压缩机；2. 无水氯化钙干燥器；3. 变色硅胶干燥器；4. 分子筛干燥器；
5. 稳压阀；6. 压力表；7. 流量计；8. 三位五通中封管接电磁阀；9. 压力变送器；
10. 吸附柱；11. 产品罐；12. 测氧仪

在实验中通过压力变送器及压力表测定进气压力、吸附压力和解吸压力，通过控氧仪在线测定出口物料中氧、氮含量，判断分离效果，并根据实际分离情况改变吸附时间、解吸时间、吸附压力和解吸压力等工艺参数。

五、实验步骤

1. 实验准备工作

(1) 实验前先对氯化钙、变色硅胶、分子筛干燥剂进行脱水处理和吸附剂再生处理。

(2) 拔出控氧仪的电极，在空气中放置 5 min，调整读数为 21%，再将电极放回控氧仪内。

(3) 检查空气压缩机、流量计、吸附柱及干燥器等设备的管路连接是否正确，胶管有无裂缝。

(4) 打开空气压缩机，调节稳压阀至 0.3 MPa，进行管路试漏，5 min 压力未下降为合格。

(5) 打开操作控制面板上的吸附时控 1，设定时间，检查吸附器 A 是否漏气。打开吸附时控 2，设定时间，检查吸附器 B 是否漏气。

2. 实验步骤

(1) 接通压缩机电源，开启吸附装置上的电源。

(2) 设定吸附器时间，吸附与解吸时间比为 5∶5。将吸附时控 2 设定为暂停状态，当吸附时控 1 开始控制电磁阀进行升压吸附的同时，使吸附时控 2 处于工作状态。

(3) 调节操作控制面板上的进气稳压阀，维持输出压力为 0.3 MPa。

(4) 调节操作控制面板上的进气调节阀,控制气体流量在 300—500 mL/min 之间。

(5) 通过电磁阀和时间继电器控制吸附器进行吸附和解吸操作。

(6) 记录吸附操作时间、吸附压力和解吸压力,测定出口物料中氧气、氮气含量。

(7) 根据实验分离情况改变吸附时间、解吸时间、吸附压力、解吸压力等工艺参数。

(8) 关闭吸附时控开关、测压开关和控氧仪按钮。

(9) 关闭空气压缩机,关闭电源,结束实验。

3. 实验注意事项

(1) 吸附剂分子筛因吸附失活或者吸水,必须进行更换或活化再生。

(2) 通入氧分析仪的气体流量不能超过 500 mL/min,否则会损坏氧分析仪内的氧电极膜。

(3) 采用仪表控制时,不应同时开启两个变压吸附控制器,第 2 个变压吸附控制器应比第 1 个变压吸附控制器晚开启半个周期的时间。

六、实验数据处理

1. 实验数据记录

(1) 当吸附时间和解吸时间为 5∶5 时,吸附与解吸压力以及氧气纯度的数据。

表 4-2-1　吸附/解析压力与氧气纯度实验数据

吸附与解吸压力(MPa)	氧气纯度(%)

(2) 穿透曲线测定数据

表 4-2-2　穿透曲线测定数据

吸附温度 T(℃)_____　压力 p(MPa)_____　气体流量 V(L/h)_____

吸附时间(s)	出口氧含量(wt%)	吸附时间(s)	出口氧含量(wt%)
1		6	
2		7	
3		8	
4		9	
5		10	

（3）若将出口氮气浓度为 4.5% 的点确定为穿透点，根据穿透曲线确定不同操作条件下穿透点出现的时间 t_0。

表 4-2-3　穿透点出现的时间 t_0 实验数据

吸附压力(MPa)	吸附温度(℃)	实际气体流量(L/h)	穿透时间(min)

2. 实验数据整理

（1）根据实验数据，在同一张图上绘制两种气体流量下的吸附穿透曲线。

（2）绘制吸附时间和解吸时间为 5:5 时吸附与解吸压力以及氧气纯度的关系曲线。

七、实验结果及讨论

1. 改变吸附与解吸时间比，其他条件不变，此时氧气纯度会有什么变化，为什么？

2. 气体流速和吸附压力对吸附剂的穿透时间有何影响？

3. 根据实验结果，本实验装置的吸附时间应该控制在多少比较合适？

4. 本实验装置是提纯氧气，若实验目的是为了获得富氮气，应如何改进实验装置和操作方案？

参考文献

［1］刘家祺. 分离工程［M］. 北京：化学工业出版社，2002.

［2］乐清华，徐菊美. 化学工程与工艺专业实验(第三版)［M］. 北京：化学工业出版社，2017.

［3］许维秀，熊航行. 化工专业实验与实训指导［M］. 北京：化学工业出版社，2017.

4.3 液-液萃取分离煤油、苯甲酸混合液实验

一、实验目的

1. 直观展示桨叶萃取塔的基本结构以及实现萃取操作的基本流程；
2. 观察萃取塔内桨叶在不同转速下，分散相液滴变化情况和流动状态；
3. 练习并掌握桨叶萃取塔性能的测定方法。

二、实验原理

对于液体混合物的分离，除可采用蒸馏方法外，还可采用萃取方法。即在液体混合物（原料液）中加入一种与其基本不相混溶的液体作为溶剂，利用原料液中的各组分在溶剂中溶解度的差异来分离液体混合物，此即液-液萃取，简称萃取。选用的溶剂称为萃取剂，以字母 S 表示；原料液中易溶于 S 的组分称为溶质，以字母 A 表示；原料液中难溶于 S 的组分称为原溶剂或稀释剂，以字母 B 表示。

萃取操作一般是将一定量的萃取剂和原料液同时加入萃取器中，在外力作用下充分混合，溶质通过相界面由原料液向萃取剂中扩散。两液相由于密度差而分层。一层以萃取剂 S 为主，溶有较多溶质，称为萃取相，用字母 E 表示；另一层以原溶剂 B 为主，且含有未被萃取完的溶质，称为萃余相，以 R 表示。萃取操作并未把原料液全部分离，而是将原来的液体混合物分为具有不同溶质组成的萃取相 E 和萃余相 R。通常萃取过程中一个液相为连续相，另一个液相以液滴的形式分散在连续的液相中，称为分散相。液滴表面积即为两相接触的传质面积。

本实验操作中，以水为萃取剂，从煤油中萃取苯甲酸。所以，水相为萃取相（又称为连续相、重相），用字母 E 表示；煤油相为萃余相（又称为分散相、轻相），用字母 R 表示。萃取过程中，苯甲酸部分地从萃余相转移至萃取相。

三、预习与思考

1. 理想化液-液传质系数实验装置有何特点？
2. 由 Lewis 池测定的液-液传质系数用到实际工业设备设计还应考虑哪些因素？

四、实验装置与流程

1. 实验装置流程图

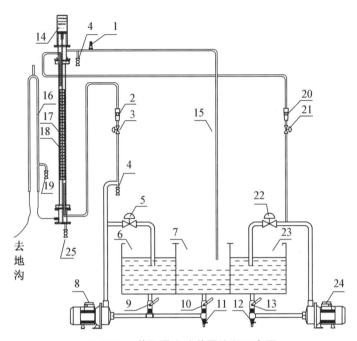

图 4-3-1 萃取塔实验装置流程示意图

1. 温度传感器；2. 煤油流量计；3. 煤油流量调节阀；4. 塔底进料取样阀；5. 煤油回流阀；6. 煤油原料箱；7. 煤油回收箱；8. 煤油泵；9. 煤油原料箱放料阀；10. 煤油回收箱放料阀；11. 煤油放空阀；12. 水箱放空阀；13. 水箱放料阀；14. 电机；15. 回流管；16. π 型管；17. 萃取塔；18. 桨叶；19. 塔底出料取样阀；20. 水流量计；21. 水流量调节阀；22. 水箱回流阀；23. 水箱；24. 水泵；25. 塔底放料阀

2. 实验装置流程

本塔为桨叶式旋转萃取塔，塔身采用硬质硼硅酸盐玻璃管，塔顶和塔底玻璃管端扩口处，通过增强酚醛压塑法兰、橡皮圈、橡胶垫片与不锈钢法兰连结，密封性能好。塔内设有16 个环形隔板，将塔身分为 15 段。相邻两隔板间距 40 mm，每段中部位置设有在同轴上安装的由 3 片桨叶组成的搅动装置。搅拌转动轴底端装有轴承，顶端经轴承穿出塔外与安装在塔顶上的电机主轴相连。电动机为直流电动机，通过调压变压器改变电机电枢电压的方法作无级变速。操作时的转速控制由指示仪表给出相应的电压值来控制。塔下部和上部轻重两相的入口管分别在塔内向上或向下延伸约 200 mm，分别形成两个分离段，轻重两相将在分离段内分离。萃取塔的有效高度 H，则为轻相入口管管口到两相界面之间的距离。

本实验以水为萃取剂，从煤油中萃取苯甲酸。水相为萃取相（用字母 E 表示，本实验又称连续相、重相）。煤油相为萃余相（用字母 R 表示，本实验中又称分散相、轻相）。轻相入口处,苯甲酸在煤油中的浓度应保持在 0.001 5—0.002 0(kg 苯甲酸/kg 煤油)之间为宜。轻相由塔底进入,作为分散相向上流动,经塔顶分离段分离后由塔顶流出;重相由塔顶进入作为连续相向下流动至塔底经 π 形管流出;轻重两相在塔内呈逆向流动。在萃取过程中,苯甲酸部分地从萃余相转移至萃取相。萃取相及萃余相进出口浓度由容量分析法测定。考虑水与煤油是完全不互溶的,且苯甲酸在两相中的浓度都很低,可认为在萃取过程中两相液体的体积流量不发生变化。

3. 实验装置主要技术参数

(1) 萃取塔的几何尺寸:塔径 $D=57$ mm,塔身高度 1 000 mm,萃取塔有效高度 $H=750$ mm。

(2) 水泵、油泵:磁力泵,电压 380 V,扬程 8 m。

(3) 转子流量计:采用不锈钢材质,型号 LZB - 4,流量 1—10 L/h,精度 1.5 级。

(4) 无级调速器:调速范围 0—800 r/min,调速平稳。

4. 实验装置仪表面板图

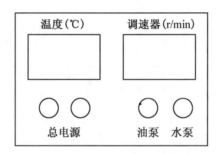

图 4-3-2 实验设备面板示意图

五、实验方法及步骤

1. 将水箱 23 加水至水箱 2/3 处,将配置好 2‰苯甲酸的煤油混合物加入到原料箱 6,打开阀门 5,其他阀门处于关闭状态,启动煤油泵 8 将苯甲酸煤油溶液混合均匀。开启阀门 22 后启动水泵 24 使其循环流动。

2. 调节水转子流量计 20,将重相(连续相、水)送入塔内。当塔内水面快上升到重相入口与轻相出口间中点时,将水流量调至指定值(4 L/h),并缓慢改变 π 形管高度,使塔内液位稳定在重相入口与轻相出口之间中点左右的位置上。

3. 将调速装置的旋钮调至零位接通电源,开动电机固定转速 300。调速时要缓慢升速。

4. 将轻相(分散相、煤油)流量调至指定值(约 6 L/h),并注意及时调节 π 形管高度。在实验过程中,始终保持塔顶分离段两相的相界面位于重相入口与轻相出口之间中点左右。

5. 操作过程中,要绝对避免塔顶的两相界面过高或过低。若两相界面过高,到达轻相出口的高度,则将会导致重相混入轻相贮罐。

6. 维持操作稳定半小时后,用锥形瓶收集轻相进、出口样品各约 50 mL,重相出口样品约 100 mL,准备分析浓度使用。

7. 取样后,改变桨叶转速,其他条件维持不变,进行第二个实验点的测试。

8. 用容量分析法分析样品浓度。

具体方法如下:用移液管分别取煤油相 10 mL,水相 25 mL 样品,以酚酞作指示剂,用 0.01 mol/L 左右 NaOH 标准液滴定样品中的苯甲酸。在滴定煤油相时应在样品中加 10 mL 纯净水,滴定中激烈摇动至终点。

9. 实验完毕后,关闭两相流量计。将调速器调至零位,使搅拌轴停止转动,切断电源。滴定分析过的煤油应集中存放回收。洗净分析仪器,一切复原,注意保持实验台面整洁。

10. 实验操作注意事项:

(1) 调节桨叶转速时一定要小心谨慎,慢慢升速,千万不能增速过猛使马达产生"飞转"损坏设备。最高转速机械上可达 800 r/min。从流体力学性能考虑,若转速太高,容易液泛,操作不稳定。对于煤油-水-苯甲酸物系,建议在 500 r/min 以下操作。

(2) 整个实验过程中,塔顶两相界面一定要控制在轻相出口和重相入口之间适中位置并保持不变。

(3) 由于分散相和连续相在塔顶、塔底滞留量很大,改变操作条件后,稳定时间一定要足够长(约半小时左右),否则误差会比较大。

(4) 煤油的实际体积流量并不等于流量计指示的读数。需要用到煤油的实际流量数值时,必须用流量修正公式对流量计的读数进行修正后数据才准确。

(5) 煤油流量不要太小或太大,太小会导致煤油出口的苯甲酸浓度过低,从而导致分析误差加大;太大会使煤油消耗量增加,经济上造成浪费。建议水流量控制在 4 L/h 为宜。

六、实验数据处理

萃取相传质单元数 N_{OE} 的计算公式为:

$$N_{OE} = \int_{Y_{Et}}^{Y_{Eb}} \frac{\mathrm{d}Y_E}{(Y_E^* - Y_E)} \tag{4-3-1}$$

式中:Y_{Et}——苯甲酸进入塔顶的萃取相质量比组成,kg 苯甲酸/kg 水;本实验中 $Y_{Et} = 0$。

Y_{Eb}——苯甲酸离开塔底萃取相质量比组成,kg 苯甲酸/kg 水;

Y_E——苯甲酸在塔内某一高度处萃取相质量比组成,kg 苯甲酸/kg 水;

Y_{E^*}——与苯甲酸在塔内某一高度处萃余相组成 X_R 成平衡的萃取相中的质量比组成,kg 苯甲酸/kg 水。

利用 $Y_E \sim X_R$ 图上的分配曲线(平衡曲线)与操作线,可求得 $\frac{1}{(Y_E^* - Y_E)} - Y_E$ 关系再进行图解积分,可求得 N_{OE}。对于水-煤油-苯甲酸物系,$Y_E \sim X_R$ 图上分配曲线可实验测绘。

1. 传质单元数 N_{OE}

用图解积分法，以桨叶 400 转/分为例。塔底轻相入口浓度 X_{Rb} 为：

$$X_{Rb} = \frac{V_{NaOH} \times c_{NaOH} \times M_{苯甲酸}}{V_{煤油} \times \rho_{煤油}} \qquad (4\text{-}3\text{-}2)$$

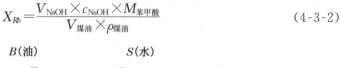

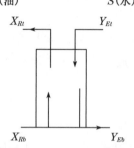

S 为水流量   B 为油流量

Y 为水浓度   X 为油浓度

下标 E 为萃取相   下标 t 为塔顶

下标 R 为萃余相   下标 b 为塔底

塔顶轻相出口浓度 X_{Rt} 为：

$$X_{Rt} = \frac{V_{NaOH} \times c_{NaOH} \times M_{苯甲酸}}{V_{煤油} \times \rho_{煤油}} \qquad (4\text{-}3\text{-}3)$$

塔顶重相入口浓度 Y_{Et} 为：

本实验中使用自来水，故视 $Y_{Et} = 0$。

塔底重相出口浓度 Y_{Eb} 为：

$$Y_{Eb} = \frac{V_{NaOH} \times c_{NaOH} \times M_{苯甲酸}}{V_{水} \times \rho_{水}} \qquad (4\text{-}3\text{-}4)$$

在绘有平衡曲线 Y_E - X_R 的图上绘制操作线，因为操作线通过以下两点：

轻入 $X_{Rb} = 0.001\,74$（kg 苯甲酸/kg 煤油），重出 $Y_{Eb} = 0.00\,1$（kg 苯甲酸/kg 水）；

轻出 $X_{Rt} = 0.000\,82$（kg 苯甲酸/kg 煤油），重入 $Y_{Et} = 0$。

在 $Y_E \sim X_R$ 图上找出以上两点，连接两点即为操作线。在 $Y_E = Y_{ET} = 0$ 至 $Y_E = Y_{Eb} = 0.001$ 之间，任取一系列 Y_E 值，可在操作线上对应找出一系列的 X_R 值，再在平衡曲线上对应找出一系列的 Y_E^* 值，代入公式计算出一系列的 $\dfrac{1}{(Y_E^* - Y_E)}$ 值（表 4-3-1）。

表 **4-3-1**　实验数据表

Y_E	X_R	Y_{E^*}	$\dfrac{1}{(Y_E^* - Y_E)}$

在直角坐标纸上,以 Y_E 为横坐标, $\dfrac{1}{(Y_E^* - Y_E)}$ 为纵坐标,将上表中的 Y_E 与 $\dfrac{1}{(Y_E^* - Y_E)}$ 一系列对应值标绘成曲线。在 $Y_E = 0$ 至 $Y_E = 0.001$ 之间的曲线以下的面积即为按萃取相计算的传质单元数。

$$N_{OE} = \int_{Y_{Ea}}^{Y_{Eb}} \frac{\mathrm{d}Y_E}{(Y_E^* - Y_E)} \tag{4-3-5}$$

2. 按萃取相计算的传质单元高度 H_{OE}

$$H_{OE} = \frac{H}{N_{OE}} \tag{4-3-6}$$

0.75 m 指塔釜轻相入口管到塔顶两相界面之间的距离。

3. 按萃取相计算的体积总传质系数

$$K_{YEa} = \frac{S}{H_{OE} \times A} \tag{4-3-7}$$

表 4-3-2　萃取塔性能测定数据

塔型:桨叶式搅拌萃取塔　萃取塔内径:50 mm　萃取塔有效高度:0.75 m
溶质 A:苯甲酸　稀释剂 B:煤油　萃取剂 S:水　塔内温度 $t=15$ ℃
连续相:水　分散相:煤油　流量计转子密度 $\rho_f=7\,900$ kg/m³
轻相密度 800 kg/m³　　　　重相密度 1 000 kg/m³

项目　　　　　实验序号			1	2
桨叶转速,r/min				
水转子流量计读数,L/h				
煤油转子流量计读数,L/h				
校正得到的煤油实际流量,L/h				
浓度分析	NaOH 溶液浓度,mol/L			
	塔底轻相 X_{Rb}	样品体积,mL		
		NaOH 用量,mL		
	塔顶轻相 X_{Rt}	样品体积,mL		
		NaOH 用量,mL		
	塔底重相 Y_{Bb}	样品体积,mL		
		NaOH 用量,mL		
计算及实验结果	塔底轻相浓度 X_{Rb},kg A/kg B			
	塔顶轻相浓度 X_{Rt},kg A/kg B			
	塔底重相浓度 Y_{Bb},kg A/kg B			
	水流量 S,kg s/h			
	煤油流量 B,kg B/h			
	传质单元数 N_{OE}(图解积分)			
	传质单元高度 H_{OE}			
	体积总传质系数,K_{Yea} kgA/[m³·h·(kg A/kgS)]			

七、实验结果与讨论

1. 物系性质对液-液传质系数是如何影响的?
2. 根据物性数据表,确定醋酸向哪一方向的传递会产生界面湍动? 说明原因。

参考文献

[1] 高凌燕,屠锡德,周建平.纳米粒给药系统制备的研究进展[J].药学与临床研究,2007,15(1):179-183.

[2] 韩斐,胡懿邻,汪龙.聚乳酸-羟基乙酸载药微球制备工艺研究进展[J].中国医学物理学杂志,2016,33(1):92-97.

[3] 褚良银,汪伟,巨晓洁,等.微流控法构建微尺度相界面及制备新型功能材料研究进展[J].化工进展,2014,33(9):2229-2234.

4.4 恒沸精馏实验

一、实验目的

1. 通过实验加深对恒沸精馏过程的理解；
2. 熟悉精馏设备的构造，掌握精馏操作方法；
3. 能够对精馏过程做全塔物料衡算；
4. 学会使用气相色谱分析气、液两相组成。

二、实验原理

精馏是利用不同组分在气-液两相间的分配，通过多次气液两相间的传质和传热来达到分离的目的。对于不同的分离对象，精馏方法也会有所差异。例如，分离乙醇和水的二元物系。由于乙醇和水可以形成恒沸物，而且常压下的恒沸温度和乙醇的沸点温度极为相近，所以采用普通精馏方法只能得到乙醇和水的混合物，而无法得到无水乙醇。为此，在乙醇-水系统中加入第三种物质，该物质被称为恒沸剂。恒沸剂具有能和被分离系统中的一种或几种物质形成最低恒沸物的特性。在精馏过程中恒沸剂将以恒沸物的形式从塔顶蒸出，塔釜则得到无水乙醇，这种方法就称作恒沸精馏。

乙醇-水系统加入恒沸剂苯以后可以形成四种恒沸物。现将它们在常压下的恒沸温度、恒沸组成列于表 4-4-1。

表 4-4-1 乙醇水-苯三元恒沸物性质

恒沸物(简记)	恒沸点(℃)	恒沸物组成(t%)		
		乙醇	水	苯
乙醇-水-苯(T)	64.85	18.5	7.4	74.1
乙醇-苯(ABZ)	68.24	32.7	0.0	67.63
苯-水(BWZ)	69.25	0.0	8.83	91.17
乙醇-水(AWZ)	78.15	95.57	4.43	0.0

为了便于比较，再将乙醇、水、苯三种纯物质常压下的沸点列于表 4-4-2。

表 4-4-2 乙醇、水、苯的常压沸点

物质名称(简记)	乙醇(A)	水(W)	苯(B)
沸点温度(℃)	78.3	100	80.2

从表 4-4-1 和表 4-4-2 列出沸点看，除乙醇-水二元恒沸物的恒沸物与乙醇沸点相近之外，其余三种恒沸物的沸点与乙醇沸点均有 10 ℃左右的温度差。因此，可以设法使水

和苯以恒沸物的方式从塔顶分离出来,塔釜则得到无水乙醇。

整个精馏过程可以用图 4-4-1 来说明。图中 A、B、W 分别为乙醇、苯和水的英文字头;ABZ、AWZ、BWZ 代表三个二元恒沸物,T 表示三元恒沸物。图中的曲线为 25 ℃下的乙醇、水、苯三元恒沸物的溶解度曲线。该曲线的下方为两相区,上方为均相区。图中标出的三元恒沸组成点 T 是处在两相区内。

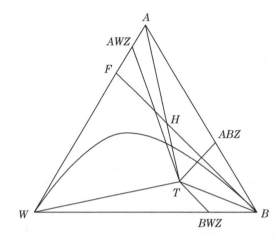

图 4-4-1 25 ℃下的乙醇、水、苯三元恒沸物的溶解度曲线

以 T 为中心,连接三种纯物质 A、B、W 及三个二元恒沸点组成点 ABZ、AWZ、BWZ,将该图分为六个小三角形。如果原料液的组成点落在某个小三角形内,当塔顶采用混相回流时,精馏的最终结果只能得到这个小三角形三个顶点所代表的物质。故要想得到无水乙醇,就应该保证原料液的组成落在包含顶点 A 的小三角形内,即在 $\triangle AT(ABZ)$ 或 $\triangle AT(AWZ)$ 内。从沸点看,乙醇-水的恒沸点和乙醇的沸点仅差 0.15 ℃,就本实验的技术条件无法将其分开。而乙醇-苯的恒沸点与乙醇的沸点相差 10.06 ℃,很容易将它们分离开来。所以分析的最终结果是将原料液的组成控制在 $\triangle AT(ABZ)$ 中。

图 4-4-1 中 F 代表未加恒沸剂时原料乙醇、水混合物的组成。随着恒沸剂苯的加入,原料液的总组成将沿着 FB 连线变化,并与 AT 线交于 H 点,这时恒沸剂苯的加入量称作理论恒沸剂用量,它是达到分离目的所需最少的恒沸剂量。

上述分析只限于混相回流的情况,即回流液的组成等于塔顶上升蒸气组成的情况。而塔顶采用分相回流时,由于富苯相中苯的含量很高,可以循环使用,因而苯的用量可以低于理论恒沸剂的用量。分相回流也是实际生产中普遍采用的方法。它的突出优点是恒沸剂的用量少,恒沸剂提纯的费用低。

三、预习与思考

1. 如何计算恒沸剂的加入量?
2. 需要测出哪些量才可以作全塔的物料衡算? 具体的衡算方法是什么?

四、实验装置与流程

1. 实验装置

本实验所用的精馏塔为内径 $\phi20\times200$ mm 的玻璃塔。内部上层装有网环型 $\phi2\times2$ mm 的高效散装填料,下部装有三角网环型的高效散装填料。填料塔高度略高于 1.2 m。

塔釜为一只结构特殊的三口烧瓶。上口与塔身相连,侧口用于投料和采样,下口为出料口。釜侧玻璃套管插入一只测温热电阻,用于测量塔釜液相温度,釜底玻璃套管装有电加热棒,采用电加热,加热釜料,并通过一台自动控温仪控制加热温度,使塔釜的传热量基本保持不变。塔釜加热沸腾后产生的蒸气经填料层到达塔顶全凝器。为了满足各种不同操作方式的需要,在全凝器与回流管之间设置了一个特殊构造的容器。在进行分相回流时,它可以用作分相器兼回流比调节器;当进行混相回流时,它又可以单纯地作为回流比调节器使用。这样的设计既实现了连续精馏操作,又可进行间歇精馏操作。

此外,需要特别说明的是在进行分相回流时,分相器中会出现两层液体,上层为富苯相、下层为富水相。实验中,富苯相由溢流口回流入塔,富水相则采出。当间歇操作时,为了保证有足够高的溢流液位,富水相可在实验结束后取出。

2. 实验流程

实验流程如图 4-4-2 所示。

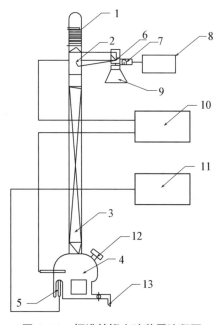

图 4-4-2　恒沸精馏实验装置流程图

1. 全凝器;2. 测温热电阻;3. 填料塔;4. 塔釜;5. 电加热器;6. 分向器;7. 电磁铁;8. 回流比控制器;9. 馏出液收集器;10. 数字式温度显示器;11. 控温仪;12. 进料口;13. 出料口

3. 实验试剂

80 g 乙醇(化学纯),含量 95%;苯(分析纯)35 g,含量 99.5%。

五、实验步骤

1. 称取 80 g 95% 的乙醇和一定量的苯(通过恒沸物的组成计算),加入塔釜中,并分别对原料乙醇和苯进行色谱分析,确定其组成。

2. 向全凝器中通入冷却水,并开启釜电加热系统,调节加热电流慢慢升至 0.4 A(注意不要电流过大,以免设备突然受热而损坏)。待釜液沸腾,开启塔身保温电源,调节保温电流,上段为 0.2 A,下段为 0.2 A,以使填料层具有均匀的温度梯度,保证全塔处在正常的范围之内。

3. 40 min 后打开回流比调节器,调至 5:1,过 20 min 后调至 3:1。

4. 溢流开始后,仍有水珠连续流出的条件下,将回流比调至 1:1,10 min 后调至 1:3 至结束。

5. 乙醇含量达到 99.5% 后开始蒸出过量苯,根据色谱分析结果,分次放出若干量蒸出液,直至将塔釜内苯蒸净。

6. 关闭电源,将所有蒸出液放入分液漏斗,放置 5 min。将分离后的富苯相和富水相及釜液分别称重并用色谱分析。

7. 关闭冷却水,结束实验。

六、实验原始数据

设备编号:03

表 4-4-3 精馏过程各时刻实验记录

时刻	上段加热电流(A)	釜加热电流(A)	下段加热电流(A)	塔顶温度(℃)	塔釜控温(℃)	回流比

表 4-4-4　色谱分析数据表

色谱分析时刻	样品	色谱峰	保留时间	峰面积	峰面积百分数

七、实验数据处理

1. 色谱数据处理

表 4-4-5　色谱分析数据结果

时刻	样品	水	乙醇	苯

2. 作全塔物料衡算,求出塔顶三元恒沸物的组成。

3. 画出 25 ℃乙醇-水-苯三元物系的溶解度曲线。在图上标明恒沸物的组成点,画出加料线。

八、结果与讨论

1. 将计算出的三元恒沸物组成与文献值比较,求出其相对误差,并分析实验过程中产生误差的原因。

2. 均相和非均相连续恒沸精馏的共同点和区别是什么？试分别阐述。

3. 如何计算连续精馏中恒沸剂的最小加入量？

参考文献

［1］E A Coulson，etal. Laboratory Distillation Practice. L. George News Ltd,1958.

［2］Erich Krel. Handbook of Laboratory Distillation. Amsterdam，Elsevier，1982.

［3］陈洪钫. 基本有机化工分离工程［M］.北京:化学工业出版社,1985.

［4］F G Shinskey. Distillation Control for Productivity and Energy Conservation 2nd ed. New York，Mc Graw-Hill Book co，1984 2nd.

4.5　组合膜分离实验

一、实验目的

1. 学习和掌握超滤、纳滤和反渗透膜分离技术的基本原理。

2. 了解多功能膜分离制纯净水的流程、设备组成和结构特点。

3. 通过纳滤和反渗透膜分离技术制得纯净水,在通过测定纯净水的透过率,分析比较分离技术的优劣。

二、实验原理

1. 超滤

超滤(UF)是以压力为推动力,利用超滤膜不同孔径对液体进行物理的筛分过程。其分子切割量(CWCO)一般为 6 000 到 50 万,孔径约为 100 nm。

超滤是利用多孔材料的拦截能力,以物理截留的方式除去水中一定大小的杂质颗粒。在压力驱动下,溶液中水、有机低分子、无机离子等尺寸小的物质可通过纤维壁上的微孔到达膜的另一侧,溶液中菌体、胶体、颗粒物、有机大分子等大尺寸物质则不能透过纤维壁而被截留,从而达到筛分溶液中不同组分的目的。该过程为常温操作,无相态变化,不产生二次污染。

从操作形式上,超滤可分为内压和外压。运行方式分为全流过滤和错流过滤两种。当进水悬浮物较高时,采用错流过滤可减缓污堵,但相应增加能耗。

2. 纳滤

纳滤(NF)膜分离过程无任何化学反应,透过物大小在 1—10 nm,无需加热,无相转变,不会破坏生物活性,不会改变风味、香味,因而被越来越广泛地应用于饮用水的制备和食品、医药、生物工程、污染治理等行业中的各种分离和浓缩提纯过程。纳滤膜在其分离应用中表现出两个显著特征:一个是其截留分子量介于反渗透膜和超滤膜之间,为 200—2000;另一个是纳滤膜对无机盐有一定的截留率,因为它的表面分离层由聚电解质所构成,对离子有静电相互作用。

3. 反渗透

反渗透(RO)是在一定压力下水分子由盐水端透过反渗透膜向纯水端迁移。溶剂分子在压力作用下由稀溶液向浓溶液迁移的这一现象被称为反渗透现象。如果将盐水加入以上设施的一端,并在该端施加超过该盐水渗透压的压力,就可以在另一端得到纯水,这就是反渗透净水的原理。反渗透设施生产纯水的关键有两个:一是一个有选择性的膜,称之为半透膜;二是一定的压力。简单地说,反渗透半透膜上有众多的孔,这些孔的大小与水分子的大小相当,由于细菌、病毒、大部分有机污染物和水合离子均比水分子大得多,因此不能透过反渗透半透膜而与透过反渗透膜的水相分离。在水中众多种杂质中,溶解性盐类是最难清除的。因此,经常根据除盐率的高低来确定反渗透的净水效果,反渗透除盐率的高低主要决定于反渗透半透膜的选择性。目前,较高选择性的反渗透膜元件除盐率可以高达99.7%。

三、预习与思考

1. 简要说明纳滤膜分离的基本机理。
2. 纳滤组件长期不用时,为何要加保护液?

四、实验装置与流程

1. 实验装置流程示意图,如图4-5-1所示。

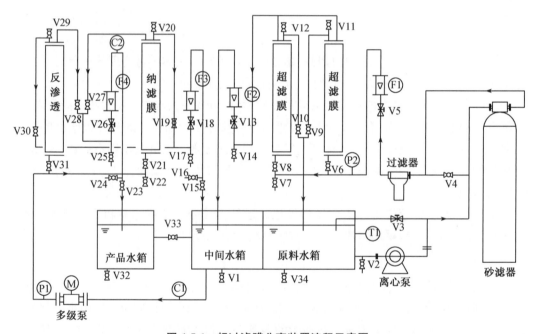

图4-5-1 超过滤膜分离装置流程示意图

F1—转子流量计;F2—转子流量计;F3—转子流量计;F4—转子流量计;P1—多级泵出口压力计;P2—超滤膜进口压力计;C1—原水电导率;C2—滤过液电导率;T1—温度计;V1、V32、V34—水箱放水阀;V2、V14、V16、V17、V24、V25—管路排水阀;V3—离心泵旁路阀;V5、V13、V18、V26—转子流量计调节阀;V6、V8—超滤膜进口阀;V7—超滤膜排空阀;V9、V10—超滤膜回水阀;V11、V12、V20、V29—放空阀;V15—回水阀;V19—纳滤膜回水阀;V21—纳滤膜膜进口阀;V22—纳滤膜排空阀;V23—产品阀;V27—纳滤膜产品阀;V28—反渗透膜产品阀;V30—反渗透膜回水阀;V31—反渗透膜进口阀

2. 实验装置面板图,如图 4-5-2 所示。

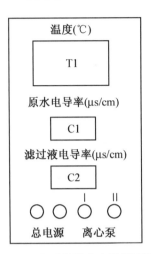

图 4-5-2　超过滤膜分离装置面板图

3. 实验装置主要技术参数表

表 4-5-1　超过滤膜分离装置主要设备及仪器型号

序号	位号	名称	规格、型号
1		石英砂滤器	
2		超滤膜	HF-4040,截留分子量 6000
3		纳滤膜	NE90-4040
4		反渗透膜	LP21-4040
5		离心泵	WB50/025
6		多级泵	DL2-130
7		过滤器	带把手,带芯
8		原料水箱	长 600 mm×宽 440 mm×高 740 mm
9		中间水箱	长 600 mm×宽 440 mm×高 740 mm
10		产品水箱	长 600 mm×宽 440 mm×高 740 mm
11	P1	压力表	Y-100;0—1.6 MPa 带油
12	P2	压力表	Y-100;0—0.25 MPa 带油
13	C1、C2	电导率仪	CCT-3320V
14	F1—F4	转子流量计	VA10-15F;量程 25—250 L/h
15	T1	温度传感器	Pt100
16		数显温度计	AI501B 数显仪表

五、实验方法及步骤

1. 反渗透膜、纳滤膜实验操作

（1）连接好设备电源（380 V 电源，三相五线，良好接地）。

（2）将原料水箱注入自来水，水位至 3/4。

（3）启动离心泵调节流量计阀门，控制流量，经过砂滤器，再经过微型过滤器。打开超滤膜出口阀门，流体经过超滤膜过滤后进入到中间水箱，当中间水箱到 3/4 高度为止。不断向原料水箱注入自来水。

（4）启动多级泵，待管路充满水后根据流量计逐渐调整浓水阀门到合适位置。中间水箱中的水经由反渗透膜或纳滤膜，膜顶端分别为浓水和纯水，分别经过转子流量计进入到中间水箱和产品水箱。

（5）纳滤膜实验是将通往反渗透管路上的所有阀门全部关闭，全开纳滤膜实验系统浓水阀门。反渗透膜实验是将通往纳滤管路上的所有阀门全部关闭，全开反渗透膜实验系统浓水阀门。

（6）记录原水电导率和淡水电导率。

（7）系统停机前，全开浓水阀门循环冲洗 3 min。系统停机，切断电源。

2. 超滤膜实验操作

本装置有 2 个超滤膜组件，从流程示意图（图 4-5-1）可看到，既可以并联操作，也可以交替单独操作。

（1）实验试剂使用聚乙二醇水溶液

配制方法：取 MW20000 聚乙二醇 1.1 g 放入 1 000 mL 的烧杯中，加入 800 mL 水搅拌至全溶。在储槽内稀释至 35 L 并搅拌均匀。（以配制溶液量 35 L 为例，实际配制溶液量以储槽使用容积为准）

（2）实验试剂及容器

聚乙二醇 MW20000，500 g；冰乙酸（化学纯）500 mL；次硝酸铋（化学纯）500 g；碘化钾（化学纯）500 g；醋酸钠（化学纯）500 g。

蒸馏水棕色容量瓶 100 mL，2 个；500 mL，1 个；1 000 mL，1 个；100 mL，10 个；移液管 50 mL，1 支；5 mL，2 支；量液管 5 mL，1 支；量筒 250 mL，1 个；10 mL，2 个；工业滤纸若干。

（3）发色剂配制

A 液：准确称取 1.600 g 次硝酸铋置于 100 mL 容量瓶中，加冰乙酸 20 mL 蒸馏水稀释至刻度。

B 液：准确称取 40 g 碘化钾置于 100 mL 棕色容量瓶中，蒸馏水稀释至刻度。

Dragendoff 试剂：量取 A 液、B 液各 5 mL 置于 100 mL 棕色容量瓶中加冰乙酸 40 mL，蒸馏水稀释至刻度。

醋酸缓冲液的配制：称取 0.2 mol/L 醋酸钠溶液 590 mL 及 0.2 mol/L 冰乙酸溶液

410 mL 置于 1 000 mL 容量瓶中,配制成 pH=4.8 醋酸缓冲液。

（4）实验操作（以并联操作为例）

① 将料液置于原料槽,首先关闭所有阀门,然后启动离心泵,打开旁路阀进行混料一段时间。

② 打开进入两组超滤膜的阀门,超滤膜顶分两部分:一部分为浓缩液,一部分为超滤液。分别进入到原料水箱和中间水箱。

③ 同时打开两组阀门,再打开转子流量计调节流量,同时控制浓缩液和超滤液的阀门开度来控制超滤膜内压力,过 10 min 后取浓缩液和超滤液进行分析。

（5）分析操作（选择性操作）

用比色法测试原料液、超滤液和浓缩液的浓度。

使用仪器:722 型分光光度计。

① 开启分光光度计电源,将测定波长置于 510 mm 处,预热 20 min。

② 绘制标准曲线:准确称取在 60 ℃ 下干燥 4 h 的聚乙二醇 1.000 g 溶于 1 000 mL 容量瓶中,分别吸取聚乙二醇溶液 0.5 mL,1.5 mL,2.5 mL,3.5 mL,4.5 mL 稀释于 100 mL 溶量瓶内配制成浓度为 5 mg/L,15 mg/L,25 mg/L,35 mg/L,45 mg/L 的聚乙二醇标准溶液。再各取 50 mL 加入 100 mL 容量瓶中,分别加入 Dragendoff 试剂和醋酸缓冲液各 10 mL,蒸馏水稀释至刻度,放置 15 min,于波长 510 nm 下,用 1 cm 比色池,在 722 型分光光度计上测定光密度,蒸馏水为空白。以聚乙二醇浓度为横坐标,光密度为纵坐标作图,绘制出标准曲线。

③ 分析试样:取试样 50 mL 置于 100 mL 容量瓶中,分别加入 Dragendoff 试剂和醋酸缓冲液各 10 mL,蒸馏水稀释至刻度,放置 15 min,于波长 510 nm 下,用 1 cm 比色池,在 722 型分光光度计上测定光密度,蒸馏水为空白。测试试样的光密度值,根据标准曲线查得试样聚乙二醇浓度。

3. 实验注意事项

（1）设备存放实验室应有合适防冻措施,严禁结冰。

（2）中间水箱用水必须是超滤设备的净水。

（3）超滤如需长期放置,可用 1%—3% 亚硫酸氢钠溶液浸泡封存。

（4）纳滤反渗透短期停机,应隔 2 天通水 1 次,每次通水 30 min;长期停机应使用 1% 亚硫酸氢钠或甲醛液注入组件内,然后关闭所有阀门封闭,严禁细菌侵蚀膜元件。3 个月以上应更换保护液 1 次。

六、实验数据处理

1. 纳滤、反渗透举例

纳滤膜实验原水电导 561 μS,淡水电导 250 μS,则

$$透过率 = \frac{561-250}{561} \times 100\% = 55.4\% \tag{4-5-1}$$

反渗透膜实验原水电导 561 μS,淡水电导 12 μS,则

$$透过率=\frac{561-12}{561}\times100\%=97.8\%$$ (4-5-2)

2. 超滤举例

表 4-5-2　超滤膜实验数据

样品	原料液	浓缩液	超滤液	备注
吸光值 A				
浓度 c	c_1	c_3	c_2	从标准曲线查找

截留率 Ru 的计算：

$$Ru=\frac{c_1-c_2}{c_1}\times100\%=\frac{A_1-A_2}{A_1}\times100\%$$ (4-5-3)

Ru 越大,表示超滤组件分离效果越好。

七、实验结果与讨论

1. 在实验中,如果操作压力过高会有什么后果?
2. 提高料液的温度对膜通量有什么影响?

参考文献

[1] 何灏彦等. 化工单元操作实训(第 2 版)[M]. 北京:化学工业出版社,2015.

[2] 吴晓滨等. 化工单元操作与仿真实训[M]. 北京:化学工业出版社,2015.

[3] 童张法. 新编化学工程与工艺专业实验[M]. 北京:化学工业出版社,2012.

[4] 吴鹏超. 石油化工实训指导[M]. 北京:北京理工大学出版社,2015.

第5章 化工工艺实验

5.1 一氧化碳中温-低温串联变换反应

一、实验目的

1. 加深对多相催化反应有关知识的理解，了解工艺设计的相关思想。
2. 掌握催化剂活性的评价方法和气固相催化反应动力学实验的研究方法。
3. 获得中温和低温变换催化剂上的反应速率常数 k_T 与活化能 E。

二、实验原理

一氧化碳变换生成氢和二氧化碳的反应是石油化工与合成氨生产中的重要过程。一氧化碳的变换反应为：$CO + H_2O \rightleftharpoons CO_2 + H_2$。

反应必须在催化剂存在的条件下进行。中温变换采用铁基催化剂，反应温度为 350—450 ℃；低温变换采用铜基催化剂，反应温度为：220—320 ℃。

设反应前气体混合物中各组分干基摩尔分率为 $y_{0,CO}$、y_{0,CO_2}、y_{0,H_2} 和 y_{0,N_2}；初始汽气比为 R_0，反应后气体混合物中各组分干基摩尔率为 y_{CO}、y_{CO_2}、y_{H_2} 和 y_{N_2}；一氧化碳的变换率为：

$$\alpha = \frac{y_{0,CO} - y_{CO}}{y_{0,CO}(1 + y_{CO})} = \frac{y_{CO_2} - y_{0,CO_2}}{y_{0,CO}(1 - y_{CO_2})} \tag{5-1-1}$$

根据研究，铁基催化剂上一氧化碳中温变换反应本征动力学方程可表示为：

$$r_1 = -\frac{dN_{CO}}{dW} = \frac{dN_{CO_2}}{dW} = k_1 p_{CO} p_{CO_2}^{-0.5}\left(1 - \frac{p_{CO_2} p_{H_2}}{K_p p_{CO} p_{H_2O}}\right) = k_1 f_1(p_i) \ \text{mol/(g·h)} \tag{5-1-2}$$

铜基催化剂上一氧化碳低温变换反应本征动力学方程可表示为：

$$r_2 = -\frac{dN_{CO}}{dW} = \frac{dN_{CO_2}}{dW} = k_2 p_{CO} p_{H_2O}^{0.2} p_{CO_2}^{-0.5} p_{H_2}^{-0.2}\left(1 - \frac{p_{CO_2} p_{H_2}}{K_p p_{CO} p_{H_2O}}\right) = f_2(p_i) \ \text{mol/(g·h)} \tag{5-1-3}$$

$$K_p = e^{\left[2.3026\left(\frac{2185}{T} - \frac{2185}{T}\ln T + 0.6218 \times 10^{-3} T - 1.0604 \times 10^{-7} T^2 - 2.218\right)\right]} \tag{5-1-4}$$

在恒温下,由积分反应器的实验数据,可按下式计算反应速率常数 k_i,即

$$k_i = \frac{V_{0,i} y_{0,CO}}{22.4W} \int_0^{out} \frac{d\alpha_i}{f_i(p_i)}$$ (5-1-5)

采用图解法或编制程序计算,就可由式(5-1-5)得某一温度下的反应速率常数值。测得多个温度的反应速率常数值,根据阿累尼乌斯方程 $k = k_0 \exp(-E/RT)$ 即可求得指前因子 k_0 和活化能 E。

由于中变以后引出部分气体分析,故低变气体的流量需重新计量,低变气体的入口组成需由中变气体经物料衡算得到,即等于中变气体的出口组成。

$$y_{H_2O} = y_{0,H_2O} - y_{0,CO}\alpha_1$$ (5-1-6)

$$y_{CO} = y_{0,CO}(1 - \alpha_1)$$ (5-1-7)

$$y_{CO_2} = y_{0,CO_2} + y_{0,CO}\alpha_1$$ (5-1-8)

$$y_{H_2} = y_{0,H_2} + y_{0,CO}\alpha_1$$ (5-1-9)

$$V_2 = V_1 - V_分 = V_0 - V_分$$ (5-1-10)

$$V_分 = V_{1,分}(1 + R_1) = V_{1,分} \frac{1}{1 - (y_{0,H_2O} - y_{0,CO}\alpha_1)}$$ (5-1-11)

转子流量计计量的 $V_{1,分}$,需进行分子量换算,从而需求出中变出口各组分干基分率 y_i。

$$y_{CO,t} = \frac{y_{0,CO}(1 - \alpha_1)}{1 + y_{0,CO}\alpha_1}$$ (5-1-12)

$$y_{CO_2,t} = \frac{y_{0,CO_2} + y_{0,CO_2}\alpha_1}{1 + y_{0,CO}\alpha_1}$$ (5-1-13)

$$y_{H_2,t} = \frac{y_{0,H_2} + y_{0,CO}\alpha_1}{1 + y_{0,CO}\alpha_1}$$ (5-1-14)

$$y_{N_2,t} = \frac{y_{0,N_2}}{1 + y_{0,CO}\alpha_1}$$ (5-1-15)

同理,可计算得到低变反应速率常数和活化能。

三、预习与思考

1. 实验过程中,系统中的气体怎么净化?
2. 采用的反应器是什么类型?
3. 工艺流程中,水饱和器的作用是什么?

四、实验装置与流程

1. 实验装置

本实验的装置及流程如图 5-1-1 所示。

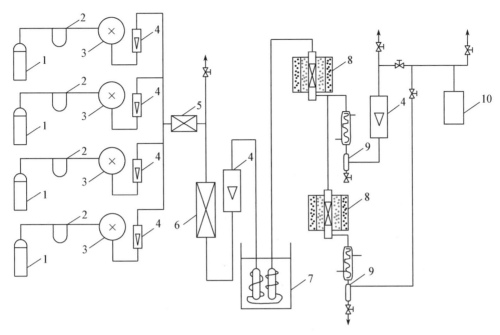

图 5-1-1　CO 中-低变串联实验系统流程

1. 钢瓶；2. 净化器；3. 稳压器；4. 流量计；5. 混合器；6. 脱氧槽；

7. 水饱和器；8. 反应器；9. 分离器；10. 气相色谱仪

实验用原料气 N_2、H_2、CO_2、CO 取自钢瓶，四种气体分别经过净化后，由稳压器稳定压力，经过各自的流量计计量后，汇成一股，放空部分多余气体。所需流量的气体进脱氧槽脱除微量氧，经总流量计计量，进入水饱和器，定量加入水汽，再由保温管进入中变反应器。反应后的少量气体引出冷却、分离水分后进行计量、分析，大量气体再送入低变反应器，反应后的气体冷却分离水分，经分析后排放。

2. 实验试剂

氢氧化钾，碳酸钠，30％稀硫酸，硫酸钠，甲基橙指示剂。

五、实验步骤

1. 装置运行及方法

（1）检查系统是否处于正常状态。

（2）开启氮气钢瓶，置换系统约 5 min。

（3）接通电源，缓慢升高反应器温度，同时把脱氧槽缓慢升温至 200 ℃，恒定。

（4）中、低变床层温度升至 100 ℃时，开启管道保温控制仪，开启水饱和器，同时打开冷却水，管道保温，水饱和器温度恒定在实验温度下。

（5）调节中、低变反应器温度到实验条件后，切换成原料气，稳定 20 min 左右，随后进行分析，记录实验条件和分析数据。

2. 装置停止及方法

(1) 关闭原料气钢瓶,切换成氮气,关闭反应器控温仪。

(2) 稍后关闭水饱和器加热电源,置换水浴热水。

(3) 关闭管道保温,待反应床温低于 200 ℃以下,关闭脱氧槽加热电源,关闭冷却水,关闭氮气钢瓶,关闭各仪表电源及总电源。

3. 实验工艺条件

(1) 流量:控制 CO、CO_2、H_2、N_2 流量分别为 2—4 L/h 左右,总流量为 8—15 L/h,中变出口分流量为 2—4 L/h 左右。

(2) 饱和器温度控制在(72.8—80.0)±0.1 ℃。

(3) 催化剂床层温度:反应器内中变催化床温先后控制在 360 ℃、390 ℃、420 ℃,低变催化床温先后控制在 220 ℃、240 ℃、260 ℃。

六、实验数据记录与处理

1. 实验数据记录表

表 5-1-1　反应结果记录表

序号	反应温度(℃)		流量(L/h)					饱和气温度(℃)	系统静压(Pa)	CO_2 分析值(%)	
	中变	低变	CO	CO_2	H_2	N_2	总			中变	低变
1											
2											

2. 实验数据处理

(1) 转子流量计的校正

转子流量计是直接用 20 ℃、0.1 MPa 的空气进行标定,故各气体流体需校正,校正公式如下:

$$Q_1 = \sqrt{\frac{\rho_0}{\rho_1}} \times \sqrt{\frac{p_1}{p_0}} \times \sqrt{\frac{T_0}{T_1}} \times Q_0$$

Q_1——被测介质的流量,$Nm^3 \cdot h^{-1}$;

ρ_0——校验时空气在标准态下的密度,$1.293 \ kg \cdot Nm^{-3}$;

ρ_1——被测介质在标准态下的密度,$kg \cdot Nm^{-3}$;

p_1——被测介质的绝对压力,MPa;

p_0——工业基准状态时的绝对压力,0.101 33 MPa;

T_0——工业基准状态时的绝对温度,293 K;

T_1——被测介质的绝对温度,K;

Q_0——标准状态刻度的显示流量值,$Nm^3 \cdot h^{-1}$。

（2）水汽比的计算

$$R_0 = \frac{p_{H_2O}}{p_a + p_g - p_{H_2O}} \qquad\qquad (5\text{-}1\text{-}16)$$

式中，水饱和蒸气压 p_{H_2O} 采用 Antoine 公式计算，$\ln p_{H_2O} = A - B/(C+t)$，$A = 7.074$，$B = 1\,657.160$，$C = 227.020(10—168\ ℃)$。

七、实验结果与讨论

1. 采用什么原则选择本征动力学实验的实验条件？

2. 影响实验准确度的因素有哪些？

参考文献

[1] 刘晓勤. 化学工艺学（第三版）[M]. 北京：化学工业出版社，2021.

[2] 黄艳芹，张继昌. 化工工艺学[M]. 郑州：郑州大学出版社，2012.

5.2 乙苯脱氢制苯乙烯

一、实验目的

1. 了解乙苯脱氢的反应原理、工艺流程和实验装置。

2. 熟悉实验操作,学会使用工艺实验中常用的仪器、仪表和设备。

3. 掌握乙苯脱氢操作条件对产物收率的影响,学会工艺操作条件的控制方法及原理,学会获取稳定的工艺条件之方法。

4. 掌握空速、转化率、选择性及收率等概念,学会正确收集和处理实验数据。

5. 掌握色谱分析方法。

二、实验原理

1. 本实验的主副反应

乙苯在氧化铁系催化剂(Fe_2O_3—Cr_2O_3—K_2O)存在下于 580—600 ℃发生脱氢反应。乙苯脱氢生成苯乙烯和氢气是一个可逆的强烈吸热反应,其反应如下:

主反应:

$$C_6H_5C_2H_5 \longrightarrow C_6H_5C_2H_3 + H_2$$

副反应:

$$C_6H_5C_2H_5 \longrightarrow C_6H_6 + C_2H_4$$

$$C_2H_4 + H_2 \longrightarrow C_2H_6$$

$$C_6H_5C_2H_5 + H_2 \longrightarrow C_6H_6 + C_2H_6$$

$$C_6H_5C_2H_5 \longrightarrow C_6H_5—CH_3 + CH_4$$

此外,还有部分芳烃脱氢缩合、聚合物以及焦油和碳生成。

2. 影响本实验的因素

(1) 温度的影响 $\left(\dfrac{\partial \ln K_p}{\partial T}\right)_p = \dfrac{\Delta H^0}{RT^2}$

乙苯脱氢反应为吸热反应,$\Delta H_0 > 0$,从平衡常数与温度的关系式可知,提高温度可增大平衡常数,从而提高脱氢反应的平衡转化率。但是温度过高副反应增加,使苯乙烯选择性下降,能耗增大,设备材质要求增加,故应控制适当的反应温度。

(2) 压力的影响

乙苯脱氢为体积增加的反应,平衡常数与压力的关系式为:

$$K_p = K_n \left[\frac{p_{总}}{\sum n_i}\right]^{\Delta \gamma}$$

当 $\Delta\gamma > 0$ 时,降低总压 p 总可使 K_n 增大,从而增加了反应的平衡转化率,故降低压力有利于平衡向脱氢方向移动。实验中加入惰性气体或在减压条件下进行,通常均使用水蒸气作稀释剂,它可降低乙苯的分压,以提高平衡转化率。水蒸气的加入还可向脱氢反应提供部分热量,使反应温度比较稳定,能使反应产物迅速脱离催化剂表面,有利于反应向苯乙烯方向进行;同时还可以有利于烧掉催化剂表面的积碳。但水蒸气增大到一定程度后,转化率提高并不显著,因此适宜的用量为:水:乙苯=$(1.2-2.6)$:1(质量比)。

(3) 空速的影响

乙苯脱氢反应中的副反应和连串副反应,随着接触时间的增大而增大,产物苯乙烯的选择性会下降,催化剂的最佳活性与适宜的空速及反应温度有关,本实验乙苯的液空速以 $0.6-1\ h^{-1}$ 为宜。

(4) 催化剂

乙苯脱氢技术的关键是选择催化剂。此反应的催化剂种类颇多,其中铁系催化剂是应用最广的一种。以氧化铁为主,添加铬、钾助催化剂,可使乙苯的转化率达到 40%,选择性 90%。在应用中,催化剂的形状对反应收率有很大影响。小粒径、低表面积、星形、十字形截面等异形催化剂有利于提高选择性。

为提高转化率和收率,对工业规模的反应器的结构要进行精心设计。实用效果较好的有等温和绝热反应器。实验室常用等温反应器,它以外部供热方式控制反应温度,催化剂床层高度不宜过长。

三、预习与思考

1. 该反应是吸热还是放热反应? 升高温度对平衡转化率有何影响?

2. 该反应是体积减小还是增大反应? 降低反应对平衡转化率有利还是增加压力对平衡转化率有利?

四、实验装置与流程

1. 实验装置与流程

本实验的装置及流程如图 5-2-1 所示。

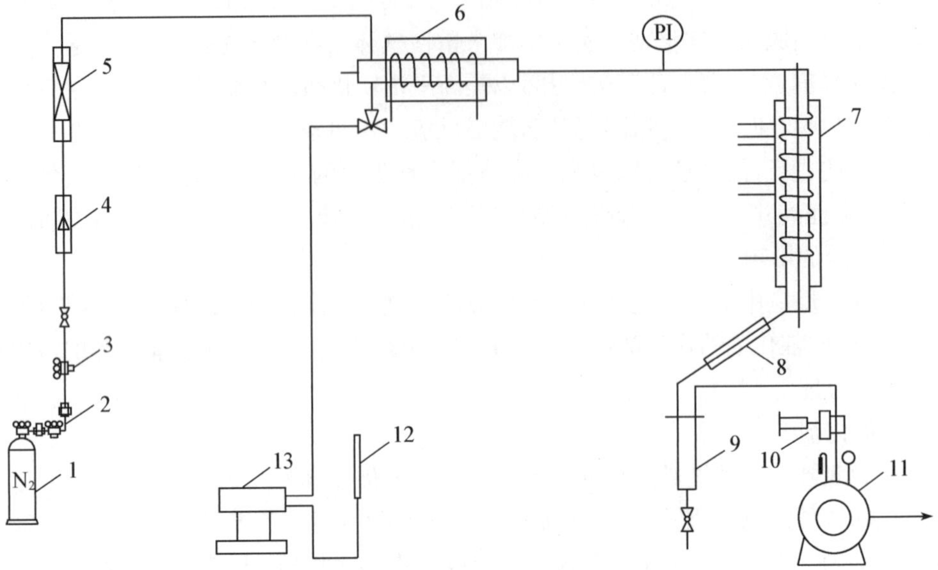

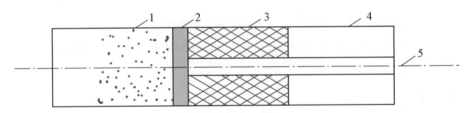

图 5-2-1　乙苯脱氢实验装置流程示意图

1. 气体钢瓶；2. 气体调节阀；3. 稳压阀；4. 转子流量计；5. 干燥器；6. 预热器；7. 加热炉；

8. 冷凝器；9. 尾液收集器；10. 取样器；11. 湿式流量计；12. 原料储罐；13. 进料泵

反应器有石英玻璃管和不锈钢管式两种，内部中心轴向有测温热电偶插入管，结构如图 5-2-2 和图 5-2-3 所示。

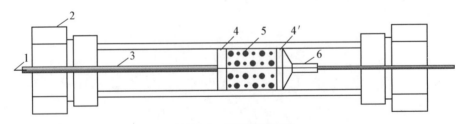

图 5-2-2　石英反应器

1. 石英砂；2. 石英棉；3. 催化剂；4. 反应器；5. 测温套管

图 5-2-3　不锈钢反应器

1. 热电偶；2. 螺帽；3. 测温套管；4,4′. 石英棉；5. 催化剂；6. 三角支架

2. 试剂

乙苯(化学纯)。

3. 仪器

柱塞式液体加料泵 2 台,氮气钢瓶 1 个,注射器(10 μL)1 支,色谱仪 1 台,取样瓶 5 只,分液漏斗 1 个,反应器及温度控制仪 1 套,冷却器 1 个,气液分离器 1 个,储液瓶 2 支,催化剂 20 mL。

五、实验步骤

1. 组装流程(将催化剂按图 5-2-2 和图 5-2-3 所示装入反应器内),检查各接口,试漏(空气或氮气)。

2. 检查实验设备及电路是否连接妥当,无误后,装入乙苯及蒸馏水。

3. 上述准备工作完成后,开始升温,预热器温度控制在 300 ℃。待反应器温度达到 400 ℃后,开始启动注水加料泵,同时调整流量(控制在 0.3 mL/min 以内),温度升至 500 ℃时,恒温活化催化剂 3 h,此后逐渐升温至 550 ℃,启动乙苯加料泵。调节流量在水:乙苯=2:1(体积比)范围内,并严格控制进料速度使之稳定。反应温度控制在 550 ℃、575 ℃、600 ℃、625 ℃。考查不同温度下反应物的转化率与产品的收率。

4. 在每个反应条件下稳定 30 min 后,取 20 min 样品二次,取样时用分液漏斗分离水相,用注射器进样至色谱仪中测定其产物组成。分别称量油相及水相质量,以便进行物料恒算。

5. 反应完毕后停止加乙苯原料,继续通水维持 30—60 min,以清除催化剂上的焦状物,使之再生后待用。

6. 实验结束后关闭水、电。

六、实验数据记录及处理

根据实验内容自行设计表格,记录实验数据。

1. 实验数据记录表

表 5-2-1　实验结果记录表

时间 (min)	预热温度 (℃)	反应温度 (℃)	水进料量 (mL/h)	乙苯进料量 (mL/h)	油层 (g)	水层 (g)	注

2. 分析结果

表 5-2-2　实验结果分析表

反应温度（℃）	乙苯进料量（mL/h）	精产品								注
		苯		甲苯		乙苯		苯乙烯		
		含量（%）	质量（g）	含量（%）	质量（g）	含量（%）	质量（g）	含量（%）	质量（g）	

3. 数据处理

$$乙苯转化率 = \frac{原料中乙苯量 - 产物中乙苯量}{原料中乙苯量} \times 100\%$$

$$苯乙烯选择性 = \frac{生成苯乙烯所消耗的乙苯量(mol)}{反应的乙苯量(mol)} \times 100\%$$

苯乙烯收率 = 转化率 × 选择性

以单位时间为基准进行计算。绘出转化率和收率随温度变化的曲线，并解释和分析实验结果。

七、实验结果与讨论

1. 该实验存在的副反应有哪些？如何影响目标产物的选择性？
2. 对实验结果进行分析时，如何进行物料衡算？

参考文献

[1] 魏顺安,谭陆西. 化工工艺学[M]. 重庆:重庆大学出版社,2021.

[2] 刘晓勤. 化学工艺学(第三版)[M]. 北京:化学工业出版社,2021.

[3] 山红红,张孔远. 石油化工工艺学[M]. 北京:科学出版社,2019.

5.3 催化反应精馏法制醋酸乙酯

一、实验目的

1. 掌握反应精馏的原理,了解反应精馏工艺过程的特点,增强工艺与工程相结合的观念。

2. 掌握反应精馏装置的操作控制方法,学会通过观察反应精馏塔内的温度分布,判断浓度的变化趋势,采取正确调控手段。

3. 学会全塔物料衡算和塔操作的过程分析。

4. 了解反应精馏与常规精馏的区别。

5. 获得反应精馏法制醋酸乙酯的最优工艺条件,明确主要影响因素。

6. 掌握用气相色谱分析有机混合物料组成。

二、实验原理

精馏是化工生产过程中重要的单元操作,是化工生产中不可缺少的手段,反应精馏是精馏技术中的一个特殊领域。在操作过程中,化学反应与分离同时进行,故能显著提高总体转化率。此法在酯化、醚化、酯交换、水解等化工生产中得到应用,而且越来越显示其优越性。反应精馏过程不同于一般精馏,它既有精馏的物理相变之传递现象,又有物质变性的化学反应现象。两者同时存在,相互影响,使过程更加复杂。因此,反应精馏对下列两种情况特别适用:

(1) 可逆平衡反应。一般情况下,反应受平衡影响,转化率只能维持在平衡转化的水平;但是,若生成物中有低沸点或高沸点物存在,则精馏过程可使其连续地从系统中排出,结果超过平衡转化率,大大提高了效率。

(2) 异构体混合物分离。通常它们的沸点接近,靠精馏方法不易分离提纯。若异构体混合中某组分能发生化学反应并能生成沸点不同的物质,这时可在反应过程中得以分离。

对醇酸酯化反应来说,适于第一种情况。但该反应若无催化剂存在,单独采用反应精馏操作也达不到高效分离的目的。这是因为反应速度非常缓慢,故一般都用催化反应方式,酸是有效的催化剂,常用硫酸。反应随浓度增高而加快,浓度在 0.2—1.0 wt. %。此外,还可用离子交换树脂、重金属盐类和丝光沸石分子筛等固体催化剂。反应精馏的催化剂用硫酸,是由于其催化作用不受塔温度限制,在全塔内都能进行催化反应,而应用固体催化剂由于存在一个最适宜的温度,精馏塔本身难以达到此条件,故很难实现最佳化操作。

本实验是以醋酸和乙醇为原料,在酸催化剂作用下生成醋酸乙酯的可逆反应。反应的化学方程式为:

$$CH_3COOH + C_2H_5OH \xrightleftharpoons[]{H_2SO_4} CH_3COOC_2H_5 + H_2O$$

实验的进料有两种方式:一种是直接从塔釜进料;另一种是在塔的某处进料。前者有间歇和连续式操作;后者只有连续式。本实验用后一种方式进料,即在塔上部某处加带有酸催化剂的醋酸,塔下部某处加乙醇。塔釜呈沸腾状态时,塔内轻组分逐渐向上移动,重组分向下移动,具体地说,醋酸从上段向下段移动,与向塔上段移动的乙醇接触,在不同填料高度上均发生反应,生成酯和水。塔内此时有4组元。由于醋酸在气相中有缔合作用,除醋酸外,其他三个组分形成三元或二元共沸物。水-酯、水-醇共沸物沸点较低,醇和酯能不断地从塔顶排出。若控制反应原料比例,可使某组分全部转化。因此,可认为反应精馏的分离塔也是反应器。

三、预习与思考

1. 怎样提高酯化收率?
2. 不同回流比对产物分布有何影响?
3. 加料摩尔比应保持多少为最佳?

四、实验装置与流程

1. 实验装置与流程

本实验的装置及流程如图 5-3-1 所示。

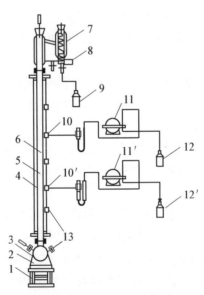

图 5-3-1 反应精馏实验示意图

1. 升降台;2. 加热包;3. 塔釜;4. 塔保温套;5. 玻璃塔体;6. 填料;
7. 塔头;8. 电磁铁;9. 馏出液出集瓶;10,10′. 进料口;11,11′. 进料泵;12,12′. 原料储罐;13. 取样口反应精馏塔用玻璃制成,直径 20 mm,塔高 1 500 mm,塔内填装 $\phi3\times3$ mm 不锈钢 θ 网环型填料(316L)。塔釜为四口烧杯,容积 500 mL,塔外壁镀有金属膜,通电流使塔身加热保温。塔釜置于 500 W 电热包中,采用 XCT - 191、ZK - 50 可控硅电压控制器控制釜温。塔顶冷凝液体的回流采用摆动式回流比控制器操作,此控制系统由塔头上摆锤、电磁铁线圈、回流比计数拨码电子仪表组成。

2.实验试剂

冰醋酸,乙醇,浓硫酸。

五、实验步骤

1. 实验步骤

(1)开塔顶冷却水。

(2)向釜内添加 200 mL 已知组成的釜残液。

(3)开始升温。升温时,先开启总电源开关,开启测温开关,温度显示仪表有数值出现,开启釜热控温开关,仪表有显示。顺时针方向调节电流给定旋钮,使电流表读数为 0.5 A,调节釜热温度控制仪到 150 ℃。当釜开始沸腾时,打开上下段保温电源,顺时针方向调节保温电流给定旋钮,使电流维持在 0.2 A。升温后观察塔釜和塔顶温度变化,直至塔顶有蒸气并有回流液体出现。

(4)15 min 全回流后,分析塔顶组成。

(5)从塔的上部侧口以 40 mL/h 的速度加入已配制好的含 0.3% 硫酸的冰醋酸原料。

(6)从塔的下部侧口以 40 mL/h 的速度加入无水乙醇原料。

(7)塔顶以回流比为 4∶1 维持出料,塔釜同时出料。有回流比操作时,应开启回流比控制器给定比例(通电时间与停电时间的比值,通常以秒计,此比例即采出量与回流量之比)。

(8)测量进料量与出料量,调节出料量使其维持物料平衡。

(9)隔 15 min 从塔顶取样分析一次。

(10)塔顶、塔釜温度,及塔顶浓度均稳定,维持 30 min 后取样分析塔顶及塔釜出料的流量和组成,以及入料量。

(11)改变回流比,重复以上操作。

(12)关闭塔釜及塔身加热电源及冷凝水。对馏出液及釜残液进行称重和色谱分析(当持液全部流至塔釜后才取釜残液),关闭总电源。

(13)根据所记录的数据,计算醋酸的转化率和乙酸乙酯收率。

2. 注意事项

(1)必须先通冷却水,以防止塔头炸裂。

(2)不要随意手动操作面板上的按钮。

(3)上下段保温电流不能过大,维持在 0.2—0.3 A。过大会使加热膜受到损坏。

六、实验数据记录与处理

1. 实验原料和色谱条件

原料:乙醇(分析纯)81.24 g;乙酸(分析纯)81.25 g;浓硫酸 8 滴 0.32 g。

色谱分析条件:载气 1 柱前压 0.1 MPa,30 mL/min;载气 2 柱前压 0.1 MPa,桥电流 100;柱温 130 ℃,气化 130 ℃,检测 130 ℃,最小面积 1 000。

2. 对侧线产品的色谱分析

对塔釜加热 15 min 后,把回流比调到 3:1,每半小时取样分析。

3. 对最终塔顶塔底产品的色谱分析

(1)塔顶产品

表 5-3-1 塔顶产品组成记录表

物质	停留时间(s)	相对面积(%)	相对质量(%)
水			
乙醇			
乙酸乙酯			

(2)塔釜产品

表 5-3-2 塔釜产品组成记录表

物质	停留时间(s)	相对面积(%)	相对质量(%)
水			
乙醇			
乙酸乙酯			
乙酸			

4. 转化率

$$转化率 = \frac{乙酸加料量 - 釜残液乙酸量}{乙酸加料量} \times 100\%$$

5. 收率

$$收率 = \frac{塔顶馏出物乙酸乙酯量 + 塔釜液乙酸乙酯量}{理论生成乙酸乙酯量} \times 100\%$$

6. 物料衡算

(1)塔顶产品中,水:_____,乙醇:_____,乙酸乙酯:_____。

(2)塔釜产品中,水:_____,乙醇:_____,乙酸乙酯:_____,乙酸:_____。

反应中产生的乙酸乙酯:_____,消耗的乙醇:_____,消耗的乙酸:_____。

理论上剩余乙醇:_____,实际剩余乙醇:_____。乙醇基本衡算:_____。

理论上剩余乙酸:_____实际剩余乙酸:_____。乙酸基本衡算:_____。

原料总质量:_____,产物总质量:_____,总质量基本衡算:_____。

七、实验结果与讨论

1. 该反应先进行 15 min 的全回流操作,目的是什么?

2. 取样时三个取样口一定要同时进行,这是为什么?

3. 由实验数据可以发现随着塔高度的增加,样品中乙酸乙酯、乙醇和水的含量如何变化,为什么?

参考文献

[1] 乐清华,徐菊美.化学工程与工艺专业实验(第三版)[M].北京:化学工业出版社,2020.

[2] 薛永兵,刘振民,牛宇岚.能源与化学工程专业实验指导书[M].北京:科学技术文献出版社,2017.

5.4 萃取精馏开发实验——无水乙醇的制备

一、实验目的

1. 熟悉萃取精馏塔的结构、流程及各部件的作用。
2. 掌握萃取精馏的原理,萃取精馏塔的正确操作。
3. 掌握以乙二醇为萃取剂进行萃取精馏制取无水乙醇。
4. 了解与常规精馏的区别,掌握萃取精馏法所适宜的物系。
5. 掌握乙醇水混合物的气相色谱分析方法,学会求取液相分析物校正因子及计算含量的方法和步骤。

二、实验原理

精馏是化工工艺过程中重要的单元操作,是化工生产中不可缺少的手段。萃取精馏是精馏操作的特殊形式,在被分离的混合物中加入某种添加剂,以增加原混合物中两组分间的相对挥发度(添加剂不与混合物中任一组分形成恒沸物),从而使混合物的分离变得容易。所加入的添加剂为挥发度很小的溶剂(萃取剂),其沸点高于原溶液中各组分的沸点。

萃取精馏方法对相对挥发度较低的混合物来说是有效的,例如:异辛烷-甲苯混合物相对挥发度较低,用普通精馏方法不能分离出较纯的组分,当使用苯酚作萃取剂,在近塔顶处连续加入后,则改变了物系的相对挥发度,由于苯酚的挥发度很小,可和甲苯一起从塔底排出,并通过另一普通精馏塔将萃取剂分离。又例:水-乙醇用普通精馏方法只能得到最大浓度95.5%的乙醇,当采用乙二醇作萃取剂时能破坏共沸状态,乙二醇和水在塔底流出,则水被分离出来。再如甲醇-丙酮有共沸组成,用普通精馏方法只能得到最大浓度87.9%的丙酮共沸物,当采用极性介质水作萃取剂时,同样能破坏共沸状态,水和甲醇在塔底流出,则甲醇被分离出来。

共沸物系,在加入溶剂后,溶剂分子与物系中各组分分子发生不同的作用,主要是改变了各组分分子间的作用力,从而改变了组分的活度。其中分子间的作用力可分为物理作用、氢键与络合作用。

(1)物理作用主要是范德华力。它包括取向力、诱导力和色散力。取向力即极性分子的永久偶极矩之间的静电力,它和分子偶极矩的大小以及温度有关;诱导力是极性分子的永久偶极矩在电场作用下对邻近分子进行极化,从而使邻近分子产生一个诱导偶极矩;色散力则是因分子的正负电荷中心瞬间相对位置发生变化,产生瞬间偶极矩,使周围分子极化,被极化的分子反过来加剧顺时偶极矩变化幅度,产生色散力。

(2)氢键作用是分子中的氢原子与一个电负性极大的原子以共价键结合,电负性大的原子将共用电子对强烈吸引过来,使氢原子的原子核几乎"裸露"出来,这个带正电的核又与另一个分子中电负性较大的原子以一种分子间力相结合,这就形成了氢键。

(3) 络合物的形成是由含有孤对电子的分子或离子,与具有空的电子轨道的中心原子或离子之间,发生电子转移,形成配位键,生成络合物。加入的溶剂分子与共沸物分子以范德华力、氢键、络合等分子间力相互作用,对不同组分分子的作用力(或称约束力)大小不同,约束力大的组分活度系数 γ 相对降低,约束力小的组分活度系数 γ 相对增大,从而改变了被分离物系组分间的相对挥发度。

在溶剂作用下的萃取精馏过程中,组分间的物理作用、氢键作用和络合作用是同时存在的,但不同体系中各种作用的大小是不同的。如乙醇-水体系中加入乙二醇溶剂,氢键起主要作用;甲基环己烷-甲苯体系中加入苯酚,色散力起主要作用。

萃取精馏的操作条件是比较复杂的,萃取剂的用量、料液比例、进料位置、塔的高度等都有影响,可通过实验或计算得到最佳值。对于萃取精馏,选择一种适用的溶剂应遵循以下原则:

(1) 萃取精馏的溶剂具有尽可能大的选择性,即加入后能有效地使原组分的相对挥发度向分离要求方向转变。

(2) 萃取精馏溶剂具有较好的溶解性,能与原物料充分混合,以保证足够小的溶剂比和精馏塔板效率。

(3) 萃取精馏溶剂不能与被分离组分发生化学反应。

(4) 萃取精馏溶剂应具有较强的热稳定性和化学稳定性。

(5) 萃取精馏溶剂应具有较低的比热和蒸发潜热,降低精馏中的能耗。

(6) 萃取糟馏溶剂应具有较小的摩尔体积,减小塔釜体积和塔体持液量。

(7) 萃取精馏溶剂黏度不宜太大,便于物料的输送,达到良好的传质、传热效率。

(8) 萃取精馏溶剂应尽可能无毒、无腐蚀性,利于环保,且价格经济容易得到。

乙醇-水二元体系能够形成恒沸物(在常压下,恒沸物乙醇的质量分数 95.57%,恒沸点 78.15 ℃),用普通的精馏方法难以完全分离。本实验利用乙二醇为萃取剂,进行萃取精馏的方法分离乙醇-水二元混合物制取无水乙醇。

由化工热力学研究,压力较低时,原溶液组分 1(轻组分)和 2(重组分)的相对挥发度可表示为

$$\alpha_{12} = \frac{p_1^s \gamma_1}{p_2^s \gamma_2} \tag{5-4-1}$$

加入萃取剂 S 后,组分 1 和 2 的相对挥发度 $(\alpha_{12})_S$ 则为:

$$(\alpha_{12})_S = \left(\frac{p_1^s}{p_2^s}\right)_{TS} \cdot \left(\frac{\gamma_1}{\gamma_2}\right)_S \tag{5-4-2}$$

式中:$(p_1^s/p_2^s)_{TS}$ 为加入萃取剂 S 后,三元混合物泡点下,组分 1 和 2 的饱和蒸气压之比;$(\alpha_{12})_S/\alpha_{12}$ 为溶剂 S 的选择性。

因此,萃取剂的选择性是指溶剂改变原有组分间相对挥发度的能力。$(\alpha_{12})_S/\alpha_{12}$ 越大,选择性越好。

三、预习与思考

1. 萃取精馏中加入的溶剂起什么作用?
2. 如何确定回流比和溶剂比,其对实验结果有何影响?

四、实验装置与流程

1. 实验装置与流程

本实验的装置及流程如图 5-4-1 所示。

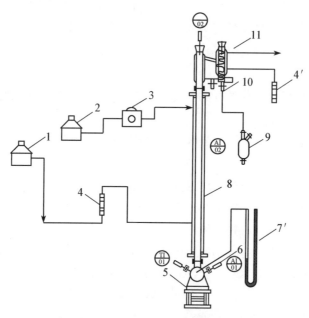

图 5-4-1 萃取精馏实验装置示意图

1. 乙醇储罐;2. 乙二醇储罐;3. 蠕动泵;4,4′. 转子流量计;5. 电加热套;6. 塔釜
采样口;7. 差压计;8. 精馏塔;9. 产品储罐;10. 塔顶采样口;11. 循环冷却水

本装置用以制取高纯度乙醇,萃取玻璃塔在塔壁开有五个侧口,可供改变加料位置或作取样口用,塔体全部由玻璃制成,塔外壁采用新保温技术制成透明导电膜,使用中通电加热保温以抵消热损失,在塔的外部还罩有玻璃套管,既能绝热又能观察到塔内气液流动情况。另外还配有玻璃塔釜、塔头及其温度控制、温度显示、回流控制部件组成整体装置。萃取塔具体参数见表 5-4-1。

表 5-4-1 玻璃精馏塔规格

	塔釜	塔体	塔头
萃取塔	500 mL	内径 20 mm,塔高 1.4 m,开有五侧口,供进料和取样用,透明镀膜保温	回流比调节

萃取过程中,利用液体势能差为动力进行进料,用转子流量计计量进料流量,作为萃

取剂,乙二醇从塔体上方进料,乙醇溶液则根据其浓度在塔体下方选择合适进料位置,塔顶采出液用气相色谱分析其乙醇浓度,塔釜液主要含有乙二醇、少量水和乙醇。

2. 实验试剂

乙醇:化学纯,纯度 95%;乙二醇:化学纯,水含量<0.3%;去离子水。

五、实验步骤

1. 实验步骤

(1)前期准备:按照装置流程图安装好实验设备,特别是玻璃法兰接口,要将各塔节连接处放好垫片,轻轻对正,小心地拧紧带螺纹的压帽(不要用力过猛以防损坏)调整塔体使整体垂直,此后调节升降台距离,使加热包与塔釜接触良好(注意,不能让塔釜受压),以后再连接好塔头(注意,不要固定过紧使它们相互受力),最后接好塔头冷却水出入口胶管。将进料瓶和转子流量计连接,乙二醇从塔体上最上端侧口进料,乙醇水溶液从塔体下端侧口进料。

(2)加料:首先向萃取塔塔釜内加入少许沸石,以防止釜液爆沸,然后向塔釜内装入乙二醇 60 mL;向乙二醇原料罐加入 500 mL 分析纯乙二醇,向另一原料罐内加入 500 mL 的乙醇水混合液,乙醇 61%,水 39 wt. %。

(3)升温:开启总电源开关,开启仪表电源,观察各测温点指示是否正常。

开启萃取塔釜加热电源开关,调节电流给定旋钮,开始加热时可稍微调大约 2.5 A,然后边升温边调整,当塔顶有冷凝液时,将釜加热功率调小为 1—2 A。

塔釜液体开始沸腾时,打开上下段保温电源,顺时针方向调节保温电流 0.1—0.4 A 之间。

(4)萃取精馏

调节转子流量计,使得乙二醇进料速度维持在 2.1 mL/min(转子流量计读数值为 20 mL/min),乙醇水溶液进料速度维持在 1.0 mL/min(转子流量计读数值为 1.2 mL/min)。当塔顶开始有液体回流时,打开回流比电源,调节回流比为 2,并开始用量筒收集塔顶流出产品,并计时,要随时检查进出物料的平衡情况,调整加料速度或蒸发量,此外还要调节釜液排出量,大体维持液面稳定。

釜液排出方法:开启真空泵,渐开阀门 V4,然后打开萃取塔釜与回收塔釜间硅胶管上的 T 型夹,使萃取塔釜内液体流入到回收塔釜内。

(5)停止实验

先关闭进料阀门,停止进料,然后关闭加热电源以及保温电源,停止加热。待塔顶没有回流时,关闭冷凝水。取出塔中各部分液体进行称量,并作出物料衡算。

(6)可调换其他实验条件,比如调节回流比,乙二醇和乙醇水溶液的进料速度和比例,重复步骤(4)、(5)、(6)。

2. 实验条件

(1)釜底加热电流由仪表或手动控制,一般为 1—2 A,塔釜加热温度为 150—195 ℃左右。

（2）实验中乙醇流量一般为 1—2 mL/min。

（3）上部塔身保温加热电流用仪表或手动来调节，一般为 0.10—0.12 A。

（4）下部塔身保温加热电流用仪表或手动来调节，一般为 0.13—0.25 A。

（5）回流比一般为 2—4。

（6）在塔釜温度达到 160 ℃左右时，开始慢慢调节保温加热电流，可以适当高一点。

3. 实验注意事项

（1）釜加热功率设定过低，蒸气不易上升到塔头，釜加热过高，蒸发量大，易造成液泛。还要再次检查是否给塔头通入冷却水，此操作必须升温前进行，不能在塔顶有蒸气出现时再通水，这样会造成塔头炸裂。

（2）保温电流不能过大，过大会造成过热，使加热膜受到损坏；另外，还会造成因塔壁过热而变成加热器，回流液体不能与上升蒸气进行气液相平衡的物质传递，反而会降低塔分离效率。

（3）塔顶产品量取决于塔的分离效果（理论塔板数、回流比和溶剂比）及物料衡算结果，不能任意提高。

（4）加热控制宜微量调整，操作要认真细心，平衡时间应充分。

4. 色谱分析条件设置

（1）按要求调节气相色谱载气。

（2）开启气相色谱仪主开关。

（3）打开柱温、气化器、检测器加热开关，柱温设定为 140 ℃（可以根据出峰分离情况来调节）。

（4）设定气化室温度为 140 ℃，检测器温度为 150 ℃。

（5）色谱柱、气化器、检测器的温度都稳定后，完成气相色谱工作站的启动。

（6）采用面积校正归一法测定塔顶乙醇的浓度。

（7）要求每个物系测定三次。

六、实验数据记录与处理

学生记录萃取实验条件、结果数据及表格。

七、实验结果与讨论

1. 分析影响乙醇回收率的因素。

2. 塔顶产品采出量如何确定？

3. 实验中为提高乙醇产品的纯度，降低水含量，应注意哪些问题？

参考文献

［1］郭锴，唐小恒，周绪美. 化学反应工程（第三版）［M］. 北京：国家图书馆出版社，2017.

［2］李绍芬. 反应工程（第三版）［M］. 北京：化学工业出版社，2013.

5.5　烃类裂解制烯烃

一、实验目的

1. 掌握管式反应器操作。
2. 了解裂解的基本原理和影响反应的各种因素,找出最佳操作条件。

二、实验原理

烃类裂解主要是烷烃、环烷烃,在高温下进行开环断裂成小分子的烯烃和烷烃的过程。该过程也是石油化工重要的加工环节,除热裂解过程外,还有一种催化裂解的工艺操作。前者仅使用水和烃类在较高温度下裂变(800—1 000 ℃),后者在催化剂作用下处于热裂解温度低的情况下裂变(500—600 ℃),在实验室为了更好地了解和掌握两种反应工艺过程,把热裂解放在空管的反应床内进行,而催化裂化是放在固定流化床内进行,由于该反应是强烈吸热,在实验装置上两者都使用电加热系统并由精密温度控制装置控制反应温度,以达到良好反应目的。通常在实验室选择正己烷、环己烷和正庚烷,或煤油、轻柴油做原料,进行热裂解反应;催化裂化则多采用沸点更高的原料(如重柴油、石蜡、渣油等)做实验研究,以找出最佳催化剂或工艺条件,并为生产和放大设计提供依据。

本实验主要以裂解反应为主。

裂解反应主要可分为两类,即一次反应和二次反应。二次反应主要指烯烃的分解、芳烃的生成以及从芳烃变成焦炭的反应。

（1）一次反应是发生断链,生成原子数少的烷、烯烃。如:

$$C_{m+n}H_{2(m+n)+2} \longrightarrow C_mH_{2m} + C_nH_{2n+2}$$

此外,还有烷烃脱氢、环烷烃开环等。

（2）二次反应为一次反应生成的分子较大的烯烃进一步分解成小分子的烯烃。如:

$$C_{m+n}H_{2(m+n)} \longrightarrow C_mH_{2m} + C_nH_{2n}$$

此外,还有低分子脱氢生成炔烃和二烯烃、低分子烯烃发生热裂解或甲烷和芳烃脱氢缩合成稠环芳烃及焦炭等。

裂解基本上是在高温下使烃类产生断链引发出自由基,再进行链增长,终止其最后结果为大量乙烯、丙烯产生,此外还有氢、甲烷、乙烷、丙烷、丁烯、丁二烯等。

三、预习与思考

1. 什么是裂解反应? 裂解反应分为哪几种?
2. 裂解反应受什么因素影响?

四、实验装置与流程

1. 实验装置与流程

本实验的装置及流程如图 5-5-1 所示。

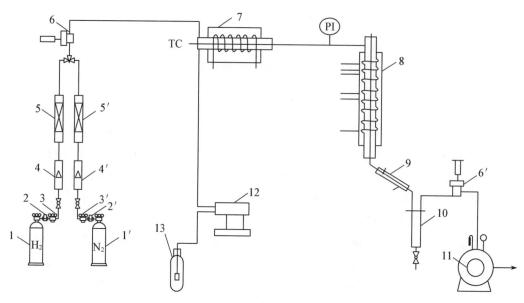

图 5-5-1　裂解流程示意图

1,1′. 气体钢瓶；2,2′. 减压阀；3,3′. 稳压阀；4,4′. 转子流量计；5,5′. 干燥器；
6,6′. 取样口；7. 预热器；8. 固定床反应器；9. 冷凝器；10. 气液分离器；11. 湿
式流量计；12. 液体进料泵；13. 原料储罐

　　实验对象部分是由加料罐、电磁隔膜泵、预热炉、固定床反应器、冷凝器、气液分离器、湿式流量计等组成。实验时，物料通过电磁泵进入预热炉，气化后进入固定床反应器，反应后进入冷凝器，经过冷凝后到气液分离器，冷凝器沉降到分离器里，气体经过湿式流量计后排出。

　　2. 实验装置参数及试剂

表 5-5-1　装置参数表

装置名称	参数	数量
预热炉	$\phi 90 \times 200$	1
固定床反应器	$\phi 220 \times 7\,500$	1
气液分离器	$\phi 40 \times 200$	1
电磁隔膜泵	JCM－1/20.7 bar	2
湿式流量计	2 L	1

试剂：蒸馏水，正己烷。

五、实验步骤

1. 装置的安装与试漏

进入空气或氮气,卡死出口,冲压至 0.05 MPa,5 min 不下降为合格。否则要用毛刷涂肥皂水在各接点涂拭,找出漏点重新处理后再次试漏,直至合格为止。

2. 升温与温度控制

本装置为四段加热控温,温度控制仪的参数较多,不能任意改变,因此在控制方法上必须详细阅读控温仪表说明书后才能进行。控温受各段加热影响较大,应该较好地配合才能得到所需温度。各段加热应采用阶梯加热法,先升温到 200 ℃ 稳定 10 min 后,继续升温,以此类推直到升至所需温度。加热炉控制温度和内部温度的关系,反应前后微有差异,主要表现在预热器的温度变化,因为预热器是靠管内测温的温度去控制加热,当加料时该温度有下降的趋势,但能自动调节到所给定的温度范围值内。

设备启动前应查看测温电偶是否放在指定测温点。

3. 操作步骤

开机后设置预热器温度缓慢升至 300 ℃,设置反应器温度,待温度升至 300 ℃时,用泵加水,以 0.5 mL/min 速度操作,直至 700—750 ℃,温度稳定后以 0.5 mL/min 速度加入正己烷。操作时反应温度测定靠拉动反应器内的热电偶,并在显示仪表上观察,放至温度最高点处,稳定后再按 100 mm 等距离拉动热电偶,并记录各位置温度数据。以后在固定的流速下改变裂解温度,分别控制在 700 ℃±2 ℃、710 ℃±2 ℃、720 ℃±2 ℃、730 ℃±2 ℃,反应 30 min,同时记下该时间和进料量、尾气量,称量气液分离器内液体量(每次取样前要放净气液分离器的液体)。液体可用分液漏斗分离焦油和水,从而得到焦油量。在升温的同时给冷却器通水。

操作结束后继续通水烧结碳 30 min,此后降温,在低于 200 ℃ 后停止加水,通氮吹扫。

当反应正常后,记录时间与湿式流量计读数,同时记录进出反应器的压力值。

注:亦可固定温度,改变加料速度做该实验。

六、实验数据记录与处理

1. 实验结果原始记录

表 5-5-2 实验结果原始记录表

反应温度(℃)	正己烷加入量		焦油量 (g)	裂解气量		备注
	(mL)	(g)		(mL)	(g)	

2. 裂解气质量的计算举例

（1）根据所给已知条件预算出进料油和水的速度（mL/min），而且应在实验前算出来。

（2）计算裂解气的质量

$$m_气 = V_干 \times \rho_干$$

式中：$V_干$ 为在标准状况下干裂解气体积（L）；$\rho_干$ 为在标准状况下干裂解气的密度（g/L）。

$$V_干 = V_湿 \times K_1 \times (p_0 - p_{0水})/1.033 \times 273.2/(273.2+t)$$

式中：$V_湿$ 为实验测得的气体体积（L）；K_1 为湿式气体流量计较正系数；p_0 为当天室内大气压力（kg/cm^2）；$p_{0水}$ 为实验时湿式气体流量计水饱和蒸气压（kg/cm^2）。

（3）计算裂解气、焦油的收率以及原料油损失率。

（4）计算当量停留时间。

$$\theta = V_反/V_物 = L_e \times S/1\,000\,V_物$$

式中：L_e 为反应管当量长度（cm）（由计算机算出）；$V_反$ 为反应床的容积（L）；$V_物$ 为反应床内物料的体积流量（L/s）；S 为反应管横截面积（cm^2）。

由于反应床内的物料体积流量是变化的，一般 $V_物$ 是取进出口的平均值。

$$V_物 = (m_1/M_1 + m_2/M_2 + m_3/M_3 + 2m_4/M_4)) \times 22.4\,T_e/2 \times 273.2 \times \tau$$

式中：m_1, m_2, m_3, m_4 为分别为原料油、焦油、裂解气及水的质量（g）；M_1, M_2, M_3, M_4 为分别为原料油、焦油、裂解气及水的分子量；τ 为裂解实验所用的时间（s）；T_e 为裂解温度，取其中三点最高温度平均值（0 K）。

注：裂解气体的分析

气相色谱法：有许多色谱柱可用，其中之一是在氧化铝担体上载 1.5% 阿皮松，可分析 C_{1-4}。条件是在室温下用热导检测器，柱长为 4 m，ϕ3 mm 柱径。

七、实验结果与讨论

1. 影响烃类裂解产物分布的因素有哪些？
2. 如何提高烃类裂解反应中烯烃的选择性？

参考文献

[1] 徐绍平,殷德宏,仲剑初. 化工工艺学(第二版)[M]. 大连:大连理工大学出版社,2012.
[2] 张巧玲,栗秀萍. 化工工艺学[M]. 北京:国防工业出版社,2015.

第6章 精细化学品合成实验

6.1 聚丙烯酸酯乳胶涂料的制备

一、实验目的

1. 掌握聚丙烯酸酯乳液的合成方法，熟悉乳液聚合的原理。
2. 了解聚丙烯酸酯乳胶涂料的性质和用途。
3. 掌握聚丙烯酸酯乳胶涂料的配制方法。
4. 了解聚丙烯酸酯乳胶与涂料的基本检测方法。

二、实验原理

1. 主要性能和用途

聚丙烯酸酯乳胶涂料为黏稠液体，其树脂主链为碳碳键，具有很强的光、热和化学稳定性，因此其涂料具有很好的保色性、耐水性、耐碱性。聚丙烯酸酯乳胶涂料广泛应用于外用面漆，是主要的建筑面墙乳胶涂料，在纺织品的性能改善方面也发挥了很大的作用。

2. 乳液合成及涂料配制的原理

（1）聚丙烯酸酯乳液

乳胶型聚丙烯酸酯涂料，按其共聚单体可分为全丙、苯丙、醋丙、硅丙及其他改性丙烯酸酯涂料。制备丙烯酸酯乳液的单体可分为软单体、硬单体及功能单体。

聚丙烯酸酯乳液通常是指丙烯酸酯、甲基丙烯酸酯，有时也用少量的丙烯酸或甲基丙烯酸等共聚的乳液，丙烯酸乳液比醋酸乙烯酯乳液有许多优点：对颜料的粘接能力强，耐水性、耐碱性、耐光性均比较好，施工性能优良。在新的水泥或石灰表面用聚丙烯酸酯乳胶涂料比用醋酸乙烯乳胶涂料好得多。各种不同的丙烯酸酯单体都能共聚，也可以和其他的单体共聚。

乳液聚合的主要组分有去离子水、聚合单体、引发剂和乳化剂，另外根据需要加入其他辅助成分，如分子调节剂、pH缓冲剂等。乳液聚合的引发剂分为热分解引发型与氧化还原型。应用最多的热分离引发剂是过硫酸钾、过硫酸铵等。而常用的氧化还原引发剂有过硫酸盐-重亚硫酸钠等。引发剂的剂量一般控制在单体总量的 0.1%—2% 之间。

用作聚合的乳化剂分子就是常用的表面活性剂,一般可以分为四大类,即阴离子型、非离子型、阳离子型及两性离子型。目前实际应用中,大多为阴离子型乳化剂与非离子型乳化剂相结合使用。乳化剂的用量一般为单体总量的 2%—5%。

乳液聚合的操作可分为一次性投料法、全连续法及半连续投料法。大部分生产采取全连续或半连续加料法,逐步加入单体,主要是为了使聚合时产生的大量热能很好地扩散,使反应均匀进行。在共聚乳液中也必须用缓慢均匀地加入混合单体的方法,以保证共聚物均匀。

乳液合成的单体配比根据不同用途而变化,其中常用的乳液单体质量分数可以是丙烯酸丁酯 65%、甲基丙烯酸甲酯 33%、甲基丙烯酸 2%;或者是丙烯酸丁酯 43%、苯乙烯 43%、甲基丙烯酸 2%。甲基丙烯酸甲酯或苯乙烯都是硬单体,用苯乙烯可降低成本;丙烯酸乙酯或丙烯酸丁酯都是软单体,但丙烯酸丁酯比丙烯酸乙酯更软,其用量也可以比丙烯酸乙酯少。此外,在生产乳胶涂料时加氨或者碱液中和也起到增稠作用。

(2)聚丙烯酸酯乳胶涂料

乳胶型涂料的组成,除了成膜物质乳液外,还有颜料及助剂。水性涂料中所加助剂种类繁多,主要是为了解决所带来的一系列问题。聚丙烯酸酯乳胶涂料的配制和聚醋乙烯酯乳胶涂料一样,除了加入颜料外,还要加入分散剂、增稠剂、消泡剂、防霉剂、防冻剂等助剂,并根据用途选择不同的助剂。

聚丙烯酸酯乳胶涂料由于耐水性、耐碱性与保色性都比较好,因此主要用作制造外用乳胶涂料。外用时所使用的白色颜料钛白粉就需选用金红石型,而着色颜料也需选用氧化铁等耐光性较好的品种。

颜料分散是乳胶涂料生产的一个重要生产工艺,其颜料的好坏会影响涂料的诸多最终性能。选用的分散剂都是六偏磷酸钠和三聚磷酸盐等,也有介绍用羧基分散剂如二异丁烯顺丁烯二酸酐共聚物钠盐。增稠剂除聚合时加入少量丙烯酸、甲基丙烯酸与碱中和后起一定增稠作用外,还加入羧甲基纤维素、羟乙基纤维素、羟丙基纤维素等作为增稠剂。消泡剂、防冻剂、防锈剂、防霉剂和聚醋酸乙烯酯乳胶涂料一样,但作为外用乳胶涂料,防霉剂的量要适当多一些。

3. 乳液与乳胶涂料的性能测试

合成乳液的性能测试主要检测其外观、固含量、黏度、最低成膜温度、pH、钙离子稳定性、耐水性、残余单体含量等指标,有相应的国际标准,可以根据需要重点检测几个项目。而乳胶涂料的检测有细度、附着力、耐碱性、黏度、柔韧性、遮盖力、低温稳定性、固含量等多个指标,都有国际检测方法。

三、预习与思考

1. 制备聚丙烯酸酯乳液的常用方法是什么?
2. 影响聚丙烯酸酯聚合度的因素是什么?

四、实验装置与流程

1. 实验仪器

三口烧瓶(250 mL)、球形冷凝管、温度计(0—100 ℃)、磁力搅拌加热器、滴液漏斗(100 mL)、烧杯(250 mL、800 mL)、激光粒度分析仪、NDJ-1型黏度计、高速均质分散机、气相色谱仪、附着力测试仪、刮板细度计、柔韧性测定仪、涂-4杯黏度计。

2. 实验试剂

丙烯酸丁酯,甲基丙烯酸甲酯,甲基丙烯酸,过硫酸铵,非离子表面活性剂,亚硫酸氢钠,苯乙烯,丙烯酸,十二烷基硫酸钠,金红石型钛白粉,碳酸钙,云母粉,羟乙基纤维素,羟甲基纤维素,消泡剂,防霉剂,乙二醇,苯甲醇,氨水,颜料。

五、实验步骤

1. 聚丙烯酸酯乳液的合成

下面介绍两个不同配方乳液的合成工艺。

(1) 配方一:纯丙烯酸酯乳液

表 6-1-1　纯丙烯酸酯乳液的配方表

名称	质量分数(%)	名称	质量分数(%)
丙烯酸丁酯	33	水	63
甲基丙烯酸甲酯	17	烷基苯聚醚磺酸钠	1.5
甲基丙烯酸	1	过硫酸铵	0.2

操作:乳化剂在水中溶解后加热升温到60 ℃,加入过硫酸铵和质量分数为10%的单体(过硫酸铵可以配制成质量分数5%的溶液使用),升温至70 ℃,如果没有显著的放热反应,逐步升温直至放热反应开始,待温度升至80—82 ℃,此时溶液呈现蓝光,说明聚合反应引发了,将余下的混合单体缓慢而均匀地加入,约2 h加完,控制回流速度,单体加完后,在30 min内将温度升至97 ℃,保持30 min,冷却,用氨水调节pH至8—9。在溶液呈蓝光且单体滴加完,升温保温结束后,分别取样。分析乳液的粒度变化情况,了解乳液聚合过程的粒子变化规律。

(2) 配方二:苯丙乳液

表 6-1-2　苯丙乳液的配方表

名称	质量分数(%)	名称	质量分数(%)
苯乙烯	25	过硫酸铵	0.2
丙烯酸丁酯	25	十二烷基硫酸钠	0.25
丙烯酸	1	烷基酚聚醚氧乙烯醚	1.0
水	50		

操作:用烧杯将表面活性剂溶解在水中加入单体,在强力的搅拌下,使之乳化成均匀的乳液,取 1/6 的乳化液放在三口烧瓶中,加入引发剂的 1/2,慢慢升温至放热反应开始,此时溶液呈蓝光,将温度控制在 70—80 ℃ 之间,慢慢连续地加入余下的乳化单体,并补发部分引发剂控制热量平衡,使温度和回流速度保持稳定,反应 2 h 后升温至 95—97 ℃,恒温 30 min,或抽真空除去未反应的单体,冷却,分析乳液的粒度变化情况,了解乳液聚合过程的变化规律。

2. 聚丙烯酸酯乳胶涂料的配方和配制

表 6-1-3 给出了几种聚丙烯酸酯乳胶涂料的典型配方。

表 6-1-3　几种聚丙烯酸酯乳胶涂料的配方表

物质	底漆腻子	内用面漆	外用水泥面漆	外用木器底漆
金红石型钛白	7.5	36	20	15
碳酸钙	20	10	20	16.5
云母粉				2.5
六偏磷酸钠	0.3	0.4	0.3	0.3
烷基酚聚氧乙烯醚	0.2	0.2	0.2	0.2
羟乙基纤维素				0.2
羟甲基纤维素			0.2	
磷酸三丁酯	0.1	0.5	0.3	0.2
防霉剂	0.1	0.2	0.8	0.2
乙二醇		1.2	2.0	2.0
苯甲醇				0.3
丙烯酸酯乳液(50% 质量份数)	34	24	40	40
水	34.4	25.3	15.8	22.1
氨水调 pH	8—9	8—9	8—9	8—9
基料∶颜料	1∶1.5	1∶3.6	1∶2	1∶1.7

配方的原则与聚醋酸乙烯酯乳胶涂料相同,钛白粉的用量视对遮盖力的高低的要求来变动,内用的考虑白度遮盖力多些,颜料含量高些,外用的要考虑耐候性,乳液的用量相对来说要大些。在木材方面,要考虑木材木纹温度不同时胀缩很厉害,因此颜料含量要低些,多用些乳液。

聚丙烯酸酯乳胶涂料的配制工艺如:按配方量在烧杯中加入去离子水、润湿剂、分散剂、成膜助剂或者防冻溶剂,开启高速均质搅拌机,慢慢加入颜料,分散均匀后,加入消泡剂,再快速搅拌 10 min,然后在慢速搅拌下加入合成的丙烯酸酯乳液,直到搅拌均匀,即可得所需要的涂料。

主要检测其乳胶涂料的细度、附着力、耐碱性、黏度、柔韧性、遮盖力、低温稳定性、固含量等指标。

六、实验数据处理

记录乳液聚合引发反应时出现蓝光的时间、温度,整个聚合反应的时间等,并跟踪反应过程中粒度变化情况,进行解释。对乳液与涂料的基本指标进行检测,记录相关数据。

七、实验结果与讨论

1. 影响乳液稳定性的因素主要有哪些?
2. 哪些性质会影响乳液的使用,如何影响的?

参考文献

[1] 郑志荣. 乳剂型聚丙烯酸酯浆料的研究[D]. 江南大学,2006.

[2] 张玉龙,邢德林. 丙烯酸酯胶黏剂[M]. 北京:化学工业出版社,2010.

6.2　环氧树脂胶黏剂的合成

一、实验目的

1. 掌握双酚 A 型环氧树脂的实验室制法。
2. 了解环氧值的测定方法和一般环氧树脂胶黏剂的配制方法和应用。

二、实验原理

1. 开环反应

环氧化合物的开环反应在酸碱环境下的生成物不同：① 碱性条件下断裂取代基较少的一边；② 酸性条件下断裂连接取代基较多的一侧。

开环反应即环破裂为闭环反应的逆反应，也包括分子内开环反应和断裂为两个分子的开环反应。开环的方法一般有亲核和亲电反应开环、氧化还原开环和通用周环反应开环等。

在开环反应的产物中，被断裂的化学键的每一端原子上都带有官能团，这样，开环反应可以提供一种合成含有双官能团分子的途径，其分子的官能团被几个其他的原子隔开。

在一个双环或多环分子中，断裂被两个环所共用的化学键，可以导致一个中等的或大环的分子产生，而这些中环和大环的分子很难用其他方法制备。

2. 环氧值的测定

环氧值是 100 g 环氧树脂中所含环氧基团的物质的量。它与环氧当量的关系为环氧值＝100/环氧当量。它是鉴别环氧树脂性质的最主要的指标。

三、预习和思考

1. 什么是环氧值？
2. 如何对环氧值进行测定？
3. 测定环氧值的原理是什么？

四、实验装置与流程

1. 实验仪器

烧杯，玻璃棒，锥形瓶，单口烧瓶，三口烧瓶，滴管，温度计，恒压滴液漏斗，分液漏斗，布氏漏斗，抽滤瓶，玻璃塞，克氏蒸馏头，直型冷凝管，尾接管，量筒，铁架台，漏斗架，电子天平，循环水真空泵，磁力搅拌加热器，搅拌子，旋转蒸发仪。

2. 实验试剂

双酚 A，环氧氯丙烷，氢氧化钠，盐酸-丙酮溶液，氢氧化钠乙醇溶液，苯，乙二胺，酚酞试液,浓硫酸,重铬酸钾。

3. 化学反应

五、实验步骤

1. 环氧树脂的制备

(1) 准备一台磁力加热搅拌器,将 22.8 g 双酚 A(0.1 mol)、29.8 g 环氧氯丙烷 (0.3 mol)加入装有搅拌子、滴液漏斗、回流冷凝管及温度计的三口瓶中,打开磁力搅拌并加热至 70 ℃,使双酚 A 全部溶解。

(2) 称取 10.0 g 氢氧化钠溶解在 20.0 mL 水中,置于 60 mL 恒压滴液漏斗中;慢慢滴加氢氧化钠溶液至三口瓶中,保持反应液温度在 70 ℃ 左右,约 30 min 内滴加完毕;在 75—80 ℃ 继续反应 1.5—2 h,可观察到反应混合物呈乳黄色。

(3) 向反应瓶中加入 30.0 mL 蒸馏水和 60.0 mL 甲苯,充分搅拌,倒入分液漏斗,静置分层后,收集有机相;有机相用去离子水洗涤 3 次,直至分出的水相呈中性无氯离子(用 pH 试纸和 $AgNO_3$ 溶液实验)。

(4) 利用旋转蒸发仪除去有机溶剂及环氧氯丙烷;如果没有旋转蒸发仪,可以利用减压蒸馏,以除去甲苯、水及未反应的环氧氯丙烷,制得环氧树脂粗产品。

2. 环氧值的测定

(1) 用移液管将 1.6 mL 浓盐酸转入 100 mL 的容量瓶中,以丙酮稀释至刻度,配成 0.2 mol/L 的盐酸丙酮溶液。

(2) 在锥形瓶中准确称取 0.3—0.5 g 样品,准确吸取 15.0 mL 盐酸丙酮溶液 (0.2 mol/L)移入锥形瓶。将锥形瓶盖好,放在阴凉处(约 15 ℃ 的环境中)静置 1h。然后加入 2 滴酚酞指示剂,用 0.1 mol/L 的标准 NaOH 溶液滴定至粉红色,做平行实验,并做空白对比。

3. 胶黏剂的配制和应用

本实验制得的是 $n=0$ 的双酚 A 型环氧树脂,含量在 80%—90% 之间。应用实验时,可用各种金属、玻璃、聚氯乙烯塑料和瓷片等作为试样。

(1) 表面处理:为保证胶黏剂与被粘接界面有良好的黏附作用,被粘接材料必须经过表面处理,以除去油污等杂质。

将两块铝片在处理液($K_2Cr_2O_7$ 10 份,浓硫酸 50 份,H_2O 340 份)中浸泡 10—15 min,以除去油污,然后将其表面打磨,使其粗糙,去离子水冲洗,热风吹干,自然冷却至室温。

(2) 胶黏剂的配制:按如下配方配制黏合剂。

双酚 A 环氧树脂 5.0 g;

碳酸钙(粉末状)3.0 g；

邻苯二甲酸二丁酯(增塑剂)0.45 g；

乙二胺(固化剂)0.4 g。

先将树脂与增塑剂混合均匀，然后加入碳酸钙，使其混合均匀，最后加入固化剂。注意胶黏剂配制好后，要立即使用，放置过久会固化变质。用过的容器和工具应立即清洗干净。

(3)胶接和固化：取少量胶黏剂涂抹在两块铝片端面，胶层要薄而均匀(约 0.1 mm厚)，把两块铝片对准胶合面合拢，使用适当的夹具使粘接部位在固化过程中保持定位，于 60 ℃烘箱内放置 3 h 可完全固化。

4. 环氧值的计算公式

$$E = \frac{(V_1 - V_2)c_{\mathrm{NaOH}}}{m} \times \frac{100}{1\,000} \tag{6-2-1}$$

式中：E 为环氧树脂的环氧值；c_{NaOH} 为 NaOH 溶液的浓度，mol/L；V_1 为对照实验消耗的 NaOH 溶液的体积，mL；V_2 为试样消耗的 NaOH 溶液的体积，mL；m 为样品质量，g。

5. 计算固化剂胺的用量

$$G = \frac{M}{H} \times E \tag{6-2-2}$$

式中：G 为每 100 g 环氧树脂所需胺的质量，g；M 为胺的摩尔质量，g/mol；H 为胺中活泼氢原子的数目；E 为环氧树脂的环氧值。

六、实验数据处理

记录原料 NaOH 溶液的浓度，对照实验消耗的 NaOH 溶液的体积，试样消耗的 NaOH 溶液的体积，样品质量，再根据实验步骤的公式计算环氧值。

七、实验结果和讨论

1. 制备环氧树脂时为什么要加入氢氧化钠？
2. 环氧官能团酸性条件下或者碱性条件下能开环吗？开环产物是什么？
3. 乙二胺作为固化剂，其固化机理是怎样的？

参考文献

[1] 武杨. 耐高温环氧树脂胶黏剂的制备及其性能研究[D]. 武汉理工大学,2012.

[2] 史海生. 环氧树脂胶黏剂的制备及其力学性能分析[J]. 合成材料老化与应用,2021,50(02)：118 - 120.

6.3　水性聚氨酯的合成

一、实验目的

1. 掌握水性聚氨酯的合成方法,熟悉乳液聚合的原理。
2. 了解水性聚氨酯的性质和用途。
3. 掌握水性聚氨酯的基本检测方法。

二、实验原理

1. 水性聚氨酯的主要性能和用途

水性聚氨酯是聚氨基甲酸酯的简称,一般定义为在高分子链的主链上含有重复的氨基甲酸酯键结构单元[—NH—CO—O]的高分子化合物称为聚氨酯。水性聚氨酯既具有良好的综合性能,又具有不污染、运输安全、工作环境好等特点,其以水取代有机物为溶剂,除了能够满足溶剂型聚氨酯的特性和无 VOC 排放的环保要求外,还具有廉价、安全等特性,因此,其应用越来越受到重视。水性聚氨酯的应用范围涉及涂料、黏结剂、罐装材料等许多领域,在建筑、家具、皮革、纺织、汽车、印刷等的应用日益广泛。

2. 水性聚氨酯的合成原理

水性聚氨酯区别于溶剂型聚氨酯在于其以水为分散介质,因此,制备水性聚氨酯的关键在于将聚氨酯水性化,聚氨酯水性化的方法主要有外乳化法(外加乳化剂)和自乳化法(水溶性原料法、熔融分散法、固体自分散法、相转变法、—NCO 封端法和水中扩链法)。外乳化法将聚氨酯预聚物缓慢加入含乳化剂的水中,形成粗粒乳液,再送入乳化器形成粒径适当的乳液。该法制备的聚氨酯乳液胶体稳定性较差,适于材料的表面处理,如羊毛的不粘处理等。自乳化法一般再聚合物分子链上引入适量的亲水性基团,在一定条件下分散形成稳定乳液。该法操作简单,制得的乳液性能比外乳化法好,是目前常用的水性聚氨酯合成方法。

合成水性聚氨酯,一般先将低聚物二醇(或多元醇)、扩链剂和二异氰酸酯预先反应,制成一定分子量的预聚体或高分子量聚氨酯树脂以后,再采用相转移法将其溶解或乳化于水中。常用合成方法有:

(1) 低聚物二醇、二异氰酸酯,或小分子扩链剂,制备端—NCO 基聚氨酯预聚体,或在有机溶解中制备高分子量聚氨酯,在乳化剂及高剪切力下乳化。

(2) 由中低分子量的聚氧化乙烯二醇作为低聚物二醇原料,与二异氰酸酯(或扩链剂)制备聚氨酯或预聚体,再分散于水中。

(3) 采用含羧基、磺酸基或叔氨基团的扩链剂制备聚氨酯或其预聚体,中和,制成离子型聚氨酯并乳化。根据具体情况,中和可在乳化前或乳化同时进行,预聚体的乳化过程可用二胺扩链。

(4) 制备聚氨酯-脲-多胺,其在稀酸水溶液中乳化,或与环氧氯丙烷的加成物在酸的水溶液中乳化,得到阳离子型聚氨酯乳液。

(5) 使聚氨酯带有亲水的羟甲基,引入羟甲基的方法是利用聚氨酯的氨基与甲醛反应,或含—NCO 的聚氨酯预聚物与过量的三乙醇胺反应。

(6) 先制备含 PEO 等亲水性链节或基团的端—NCO 预聚体,再与亚硫酸氢钠的醇水溶液反应并乳化,预聚体还可以与酮肟或己内酰胺等封闭剂反应,并乳化于水中,生成封闭型水性聚氨酯乳液。

(7) 采用含羧基、磺酸钠或叔氨基的低聚物多元醇制备聚氨酯预聚体并离子化,乳化于水中。

三、预习与思考

1. 水性聚氨酯有哪些优点?主要应用于哪些方面?
2. 影响水性聚氨酯稳定的因素有哪些?如何控制?

四、实验试剂

聚丙二醇(化学纯,分子量 1 000),异佛尔酮二异氰酸酯(化学纯),丙酮(化学纯),二月桂酸二丁基锡(化学纯),二羟甲基丙酸(化学纯),1,4-丁二醇(化学纯),三乙胺(化学纯),乙二胺(化学纯),去离子水。

五、实验步骤

将适量的聚丙二醇和甲苯二异氰酸酯混合均匀加入 250 mL 的四口烧瓶中,四口烧瓶带有冷凝管、温度计、恒压滴液漏斗。启动搅拌器调至合适的转速(800 r/min),用油浴加热至 90 ℃恒温反应 3 h 左右,反应过程中加入溶剂丙酮以降低预聚物的黏度,然后降温至 80 ℃左右,加入 6—7 滴催化剂二月桂酸二丁基锡,再将事先配制好的二羟甲基丙酸和 1,4-丁二醇混合均匀,加入恒压滴液漏斗中缓慢滴入烧瓶中,维持该温度反应 3 h,再降温至 50 ℃,加入适量三乙胺反应 0.5 h,并加入适量的去离子水,高速搅拌(1 200 r/min)使其乳化,乳化 0.5 h 后加入乙二胺进行扩链,得到水性聚氨酯乳液,对水性聚氨酯乳液进行减压蒸馏,除去乳液中含有的有机溶剂丙酮,得到不含丙酮的环保型水性聚氨酯乳液。

六、实验数据记录与处理

记录每种原料的投料量,自乳化法聚合的时间、温度,测试所得聚合物的分子量。记录所得水性聚氨酯的相关物性参数。

七、实验结果与讨论

1. 如何对所制备的水性聚氨酯的物性进行分析?
2. 影响水性聚氨酯应用的关键问题有哪些?

参考文献

[1] 黄毅萍,许戈文. 水性聚氨酯及应用[M]. 北京:化学工业出版社,2015.

[2] 许戈文. 水性聚氨酯材料[M]. 北京:化学工业出版社,2006.

[3] 涂振北,张明倩,张博,任天瑞. 水性聚氨酯的合成工艺研究[J]. 上海化工,2021,46(6):10-14.

6.4 十二烷基甜菜碱的制备

一、实验目的

1. 掌握表面活性剂的基本知识及原理。
2. 掌握还原氨基化反应和季铵化反应的实验方法。

二、实验原理

烷基甜菜碱的合成可以烷基二甲基胺经季胺化而得到,一般有氯乙酸盐法和氯乙酸醋法。氯乙酸盐法的转化率高,且原料便宜,是合成烷基甜菜碱的常用方法。

本实验中氯乙酸首先与氢氧化钠反应生成氯乙酸钠,随后氯乙酸钠与二甲基十二烷基进行季铵化反应,生成产物十二烷基甜菜碱。

$$ClCH_2COOH + NaOH \longrightarrow ClCH_2COONa + H_2O$$

$$n-C_{12}H_{25}N(CH_3)_2 + ClCH_2COONa \longrightarrow n-C_{12}H_{25}N^+(CH_3)_2CHCOO^- + NaCl$$

三、预习与思考

1. 十二烷基甜菜碱有哪些性能优点? 主要运用于哪些方面?
2. 在反应生成氯乙酸钠的过程中,怎样控制反应温度和滴加氢氧化钠溶液的速度?

四、实验装置

1. 实验仪器

烧杯,玻璃棒,锥形瓶,单口烧瓶,三口烧瓶,滴管,温度计,分液漏斗,布氏漏斗,抽滤瓶,玻璃塞,量筒,酒精灯,铁架台,漏斗架,电子天平,循环水真空泵,磁力搅拌加热器,搅拌子。

2. 实验试剂

十二烷基二甲基叔胺,无水乙醇,氯乙酸,无水乙醚,氢氧化钠,浓盐酸,717 型强碱性离子交换树脂。

表 6-4-1 主要试剂的性质

物质	相对分子质量	性状	相对密度 (g/cm³)	熔点 (℃)	沸点 (℃)	折光率 (25 ℃)	溶解度		
							水	乙醇	乙醚
十二烷基二甲基叔胺	213.40	无色透明液体	0.787	−20	80—82 ℃ 0.1 mm Hg(lit.)	1.437 5	不	易	易
乙醇	46.07	无色液体	0.789	−114.1	78.3	1.361 1	∞	/	∞

（续表）

物质	相对分子质量	性状	相对密度 (g/cm³)	熔点 (℃)	沸点 (℃)	折光率 (25 ℃)	溶解度		
							水	乙醇	乙醚
乙醚	74.12	无色液体	0.714	−116.2	34.5	1.349 5	不	∞	/
氯乙酸	94.497	白色结晶性粉末	1.58	63	189	1.438	易	易	易
十二烷基甜菜碱	284.9	无色液体	1.03	/	247	/	可	可	可

五、实验步骤

向装有电动搅拌器、恒压滴液漏斗和温度计的三口瓶中加入 7.5 g(0.08 mol)氯乙酸,在冷却和搅拌下慢慢滴入由 3.2 g(0.08 mol)氢氧化钠和 45 mL 水配成的溶液,然后滴入 22.8 g 二甲基十二烷基胺(0.08 mol)。升温体系至 70—80 ℃,并继续搅拌反应 3 h,得到浅黄色、黏稠的十二烷基甜菜碱溶液,其中活性物含量约 30%。

将所得碱溶液(混合液)用过量的浓盐酸处理,过滤,滤渣在乙醇-乙醚(体积比为1∶20)的混合液中重结晶得烷基甜菜碱的盐酸盐。将其溶于蒸馏水中,通过 717 型强碱性离子交换树脂。蒸馏脱去水,再在乙醇-乙醚中进行重结晶,继而经过真空干燥,制得十二烷基甜菜碱。

六、实验数据处理

记录每种原料的投料量,记录各步反应的反应时间,计算最终产物十二烷基甜菜碱产率。

七、实验结果与讨论

1. 加入浓盐酸的目的是什么?
2. 真空干燥的原理是什么?

参考文献

[1] 梁向晖,毛秋平,谭相文,牛君涛,钟伟强.十二烷基甜菜碱制备及表征[J].实验技术与管理,2018,35(09):48-50+58.

[2] 洪芸,李岩,潘宇南.季铵化反应方法和研究进展[J].广东化工,2007(05):51-52.

6.5 己内酰胺的制备

一、实验目的

1. 掌握实验室以贝克曼(Beckmann)重排反应来制备酰胺的方法和原理。
2. 掌握贝克曼(Beckmann)重排反应历程。
3. 掌握和巩固低温操作、干燥、减压蒸馏、沸点测定等基本操作。

二、实验原理

己内酰胺是一种重要的有机化工原料,它是生产尼龙-6纤维(即锦纶)和尼龙-6工程塑料的单体,在汽车、纺织、电子、机械等众多领域具有广泛应用。尼龙-6工程塑料主要用于生产汽车、船舶、电子器件和日用消费品等构件,尼龙-6纤维则可制成各种纺织品。此外,己内酰胺还可用于生产L赖氨酸、月桂氮卓酮等工业品。己内酰胺可以通过环己烷、苯酚、甲苯等为原料来进行合成,而目前世界上80%的己内酰胺都是以环己烷为原料,通过环己酮肟发生的贝克曼重排反应合成的。本实验的反应式以及反应机理如下:

酮肟在酸性催化剂如硫酸、多聚磷酸以及能产生强酸的三氯化磷、五氯化磷、苯磺酰氯和氯化亚砜等试剂作用下,重排成酰胺。

己内酰胺常温下容易吸湿,具有微弱的胺类刺激性气味,易溶于水、醇、醚、烷烃、氯仿和芳烃等溶剂,受热易发生聚合反应。纯的己内酰胺为白色晶体或结晶性粉末,mp:69—71 ℃。

三、预习与思考

1. 贝克曼重排的反应为_____反应?(放热还是吸热)
2. 粗产品转入分液漏斗,分出水层为哪一层? 应从漏斗的哪个口放出?

四、实验仪器与试剂

1. 实验仪器

烧杯,玻璃棒,锥形瓶,单口烧瓶,三口烧瓶,滴管,温度计,分液漏斗,布氏漏斗,抽滤瓶,玻璃塞,克氏蒸馏头,直型冷凝管,尾接管,熔点管,量筒,酒精灯,铁架台,漏斗架,石棉网,电子天平,循环水真空泵,磁力搅拌加热器,搅拌子。

2. 实验试剂

环己酮,盐酸羟胺,醋酸钠,水,浓硫酸,氨水,硫酸镁。

五、实验步骤

在 250 mL 三口烧瓶中,将 13.9 g(0.2 mol)盐酸羟胺及 20.0 g 结晶醋酸钠溶解在 60.0 mL 水中,缓慢加热至 35—40 ℃。每次 2.0 mL 分批加入 15.0 mL 环己酮(14.0 g, 0.14 mol),边加边振摇,此时即有固体析出。加完后,用玻璃塞塞住瓶口,激烈摇动 2—3 min,环己酮肟呈白色粉末状结晶析出。冷却后,将混合物抽滤,固体用少量水洗涤,干燥,产品为白色晶体,熔程为 89—90 ℃。

在 250 mL 三口烧瓶中,加入 10.0 g 环己酮肟和 20.0 mL 85%硫酸,在磁力搅拌器中使反应物混合均匀。在三口烧瓶中放置一支 200 ℃温度计,缓慢加热,当反应体系中开始有气泡时(约 120 ℃左右),立即移去热源,此时反应会出现强烈的放热效应,反应在几秒钟内即完成。

待反应体系冷却后,将三口烧瓶置于冰水浴中冷却,并装配恒压滴液漏斗。当溶液温度下降至 0—5 ℃时,不断搅拌下小心滴入 20%氢氧化铵溶液,控制温度在 20 ℃以下,避免己内酰胺在温度较高情况下发生水解,直至溶液恰好对石蕊试纸呈碱性即可。

将粗产物倒入分液漏斗中,收集有机相。再将有机层转入 100 mL 单口烧瓶中使用克氏蒸馏头进行减压蒸馏,收集 127—133 ℃/0.93 kPa 或 137—140 ℃/1.87 kPa 的馏分。馏出物在接收瓶中固化成无色结晶,熔程为 69—70 ℃,产量 5—6 g,产率 50%—60%。已内酰胺易吸潮,应储存在密闭容器中。

六、数据处理

记录下各组分的量,算出反应理论产率,再根据最后称得的己内酰胺的量,计算出反应实际产率。

七、思考题

1. 环己酮肟制备时为什么要加入醋酸钠?
2. 为什么要加入 20%氨水中和?
3. 滴加氨水时为什么要控制反应温度?

八、注意事项

1. 硫酸的危害性：强腐蚀性，不能沾到皮肤，如不小心沾到皮肤，用干的布或软纸轻轻拭去大部分硫酸，再用大量清水冲洗，最后到医院处理。不允许直接用水冲洗，防止硫酸遇水放热，烧伤皮肤；也不允许用布用力来回擦，防止损伤皮肤。实验室杜绝使用硫酸或其他药品威胁别人，杜绝将硫酸或其他药品带出实验室。

2. 氨水的危害性：实验室保持通风。

3. 小心烫伤。

参考文献

[1] 孙斌,程时标,孟祥堃,杨克勇,吴巍,宗保宁. 己内酰胺绿色生产技术[J]. 中国科学(化学)，2014,44(01):40-45.

[2] 陈佳星. 己内酰胺生产工艺方法综述[J]. 河南化工,2019,36(10):7-10.

[3] 周云. 环己酮肟液相贝克曼重排制备己内酰胺绿色催化研究[D]. 浙江大学,2016.

第7章 设计性创新实验

7.1 对硝基苯胺的合成实验
（由苯胺制备对硝基苯胺）

一、实验目的

1. 掌握由苯胺经乙酰化、硝化、水解等步骤制得对硝基苯胺的实验原理。
2. 掌握回流、过滤、重结晶、测熔点、薄层色谱分析、柱层析、水蒸气蒸馏等操作方法。

二、实验原理

1. 反应式

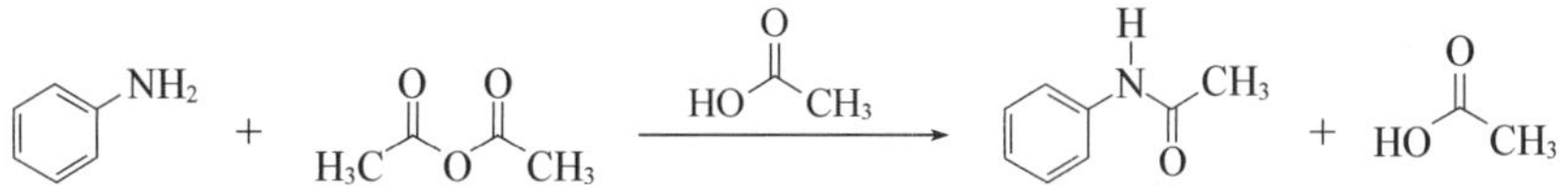

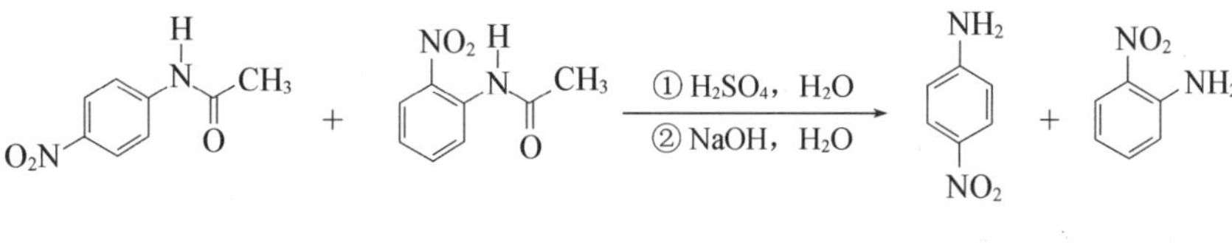

2. 薄层色谱原理

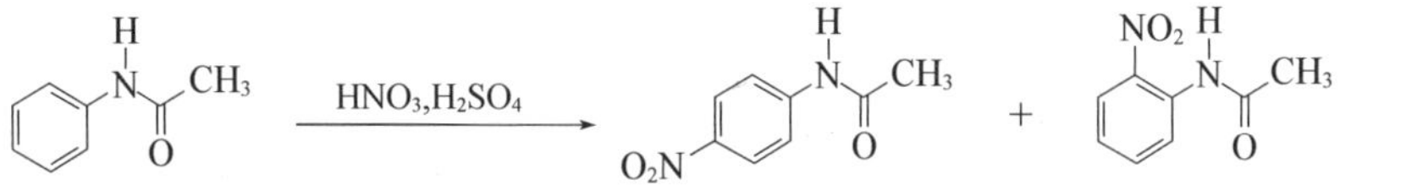

薄层色谱法是一种吸附薄层色谱分离法，它利用各成分对同一吸附剂吸附能力不同，使流动相（溶剂）在流过固定相（吸附剂）的过程中，连续地产生吸附、解吸附、再吸附、再解吸附，从而达到各成分互相分离的目的。

3. 柱层析原理

根据样品混合物中各组分在固定相和流动相中分配系数不同，经多次反复分配将组分分离开来。

4. 水蒸气蒸馏原理

将水蒸气通入含有不溶或微溶于水但有一定挥发性的有机物的混合物中,并使之加热沸腾,使待提纯的有机物在低于 90 ℃的情况下随水蒸气一起被蒸馏出来,从而达到分离提纯的目的。

5. 重结晶原理

利用混合物中各组分在某种溶剂中溶解度不同,或在同一溶剂中不同温度时的溶解度不同而使它们相互分离。固体有机物在溶剂中的溶解度随温度的变化易改变,通常温度升高,溶解增大;反之,则溶解度降低。

三、物理常数及危险特性

1. 主要试剂物理常数

表 7-1-1　主要试剂的物理常数

化合物	相对分子质量	密度(25 ℃,g/mL)	沸点(℃)	熔点(℃)
苯胺	93.13	1.022	184	−6
乙酸酐	102.09	1.087	140	−73
冰醋酸	60.05	1.049	118	16.2
乙酰苯胺	135.16	1.121	304	113—115
对硝基苯胺	138.12	1.437	332	147
对硝基乙酰苯胺	180.16	1.340	313	213—215
石油醚	—	0.770	90—100	−40
乙酸乙酯	88.11	0.902	76.5—77.5	−84
丙酮	58.08	0.790	56.5	−94.9

2. 危险特性

(1) 苯胺:高毒;与空气混合可爆;与氧化剂反应剧烈;明火、高温、强氧化剂可燃;高温分解有毒氮氧化物气体。

(2) 醋酸酐:易燃,其蒸气与空气可形成爆炸性混合物;遇明火、高热能引起燃烧爆炸。

(3) 冰醋酸:浓度较高的乙酸具有腐蚀性,能导致皮肤烧伤,眼睛永久失明以及黏膜发炎;能与氧化剂发生强烈反应,与氢氧化钠与氢氧化钾等反应剧烈;环境温度达到 39 ℃以上乙酸可与空气混合爆炸(爆炸极限 4％—17％体积浓度)。

(4) 乙酰苯胺:遇明火、高温可燃;受热分解放出有毒气体。

(5) 石油醚:与空气混合可爆;遇明火、高温、氧化剂易燃;燃烧时产生大量刺激烟雾。

(6) 乙酸乙酯:与空气混合可爆;遇明火、高温、氧化剂易燃;燃烧时产生大量刺激烟雾。

（7）丙酮：极度易燃，具刺激性。

四、实验装置图

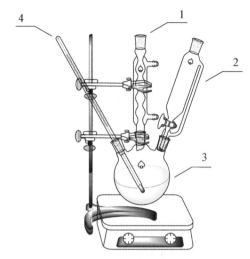

图 7-1-1　加热回流装置

1. 回流冷凝管；2. 恒压滴液漏斗；3. 圆底烧瓶；4. 温度计

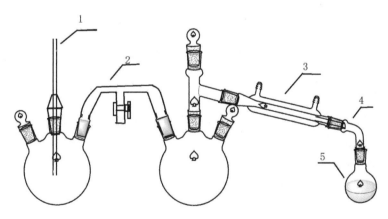

图 7-1-2　水蒸气蒸馏装置

1. 玻璃安全管；2. T 型管；3. 冷凝管；4. 接收头；5. 接收瓶

五、实验步骤及实验现象

1. 制备乙酰苯胺

在 50 mL 圆底烧瓶中将 5.0 mL 苯胺（55 mmol）溶于 10 mL 冰醋酸中，逐滴加入 6.0 mL（64 mmol）乙酸酐，边滴边搅拌，以温和回流比加热 15 min。缓慢冷却，从冷凝管顶部小心加入 5.0 mL 冷水,再加热并煮沸 5 min,以便使未反应的乙酸酐完全水解。再次冷却,在搅拌下将反应混合物缓慢倒入 30 mL 冰水中,静置 15 min 后,抽滤收集沉淀,冰水洗涤 2 次,取少量产品用烧杯放置晾干(下次实验用于测粗乙酰苯胺的熔点(测 2 次))。剩下部分湿产品用水重结晶得到纯产品,晾干后称重并测熔点(测 2 次)。

2. 乙酰苯胺的硝化

在 50 mL 锥形瓶中,将 2.40 g 乙酰苯胺溶于 4.0 mL 冰醋酸后,缓慢滴加 5.0 mL 冷的浓 H_2SO_4,冰浴,将混合物混匀。配硝酸及硫酸的混合物:在 25 mL 锥形瓶中,加入 2.0 mL 冰冷的 H_2SO_4,再缓慢滴加 1.5 mL 浓 HNO_3,冰水浴冷却 10 min。将反应物置于冰水浴中,逐滴加入混酸,滴速控制在 2—3 秒/滴,混酸滴加完了以后,将反应物在冰浴的条件下混匀,室温下静置 40 min,边搅拌边将溶液倒入 30 mL 水和 10 g 冰中。减压过滤,冷水洗涤固体 3 次,抽干,将固体转移至表面皿,晾干,测熔点。用 95%乙醇重结晶少量粗产品,晾干,测熔点(2 次)。

3. 对硝基乙酰苯胺的酸水解

将所剩的硝化粗产品转移至 50 mL 的圆底烧瓶中,加入 10.0 mL 40%的硫酸水溶液。加热使其全溶,若反应物没有全溶,加入少量水使其完全溶解,并回流 20 min,停止反应,将反应液倒入 10.0 mL 水中,并使其冷却至室温。缓慢加入 5 mol/L NaOH 溶液,至溶液刚好呈强碱性。将混合物冷却至室温,并置于冰浴下静置 10 min,抽滤,并用冰水洗涤滤饼,抽干。称量湿的粗产品,并分别留出 0.6 g 产品用于重结晶、0.05 g 产品用于 TLC 分析。用 75%乙醇重结晶粗产品:0.6 g 粗对硝基苯胺+5.0 mL 75%乙醇,计算收率。重结晶的产品也要留出 0.05 g 产品用于 TLC(展开剂为石油醚:乙酸乙酯=2:1)。转移剩余的粗产品至一个干净的表面皿上,自然干燥,以用于下次实验做柱层析分离和水蒸气分离实验。

4. 水蒸气蒸馏分离化合物

将水解后干燥的粗产品,称取 0.5 g,放入烧瓶中,并加入 15 mL 左右的水,进行水蒸气蒸馏,收集馏出液,分别收集三瓶(30 mL,30—40 mL,25—30 mL)用约 60 mL CH_2Cl_2 分 6 次(每瓶 2 次,每次 10 mL)对三份的馏出液进行萃取,分出有机层,用无水硫酸镁干燥,旋除至溶剂只有 3.0 mL 左右时,析出得到产品 A,干燥,称重并用 TLC 分析鉴定其成分。水蒸气蒸馏结束后,三口瓶中剩余的溶液在冷却过程中即有产品 B 析出,抽滤,洗涤,干燥,称重并用 TLC 分析鉴定其成分(TLC 鉴定:取少量样品溶于 0.4 mL 丙酮中配成溶液,用石油醚:乙酸乙酯=5:1 为展开剂)。

5. 柱色谱分离化合物

安装柱色谱管,倒入少量展开剂(石油醚:乙酸乙酯=5:1)检漏。称取 20—30 g 硅胶湿法装柱。称取 0.4 g 干燥的对硝基苯胺的粗产品溶于少量丙酮中,再加入 1.0 g 硅胶,混匀至丙酮全部挥发,得干燥的粉末,将其加入色谱柱,并用展开剂多次冲洗至吸附剂上面的液体无色,加入 1—2 mm 厚的石英砂,不断添加展开剂并分管收集样品。用 TLC 检验样品管中各组分,合并相同的组分并旋除溶剂,获得纯组分,测量各组分的质量并计算产率。

六、思考题

1. 对硝基苯胺是否可从苯胺直接硝化来制备？为什么？

2. 如何除去对硝基乙酰苯胺粗产物中的邻硝基乙酰苯胺？

3. 在酸性或碱性介质中都可以进行对硝基乙酰苯胺的水解反应，试讨论各有何优缺点？

参考文献

[1] 储政. 高纯度对硝基苯胺制备工艺研究[J]. 现代化工,2012,32(03):33-35.

[2] 邹绍国. 对硝基苯胺制备实验的改进[J]. 成都纺织高等专科学校学报,2007(01):46-48.

7.2 对苯二甲酸加氢催化剂的制备与开发研究

一、实验目的

1. 了解和掌握负载型催化剂开发的过程和研究方法。

2. 学会查阅和分析相关文献资料，制订实验研究方案。

3. 掌握催化剂的制备、表征和评价方法，得到相关数据并进行分析。

4. 能够辨识对苯二甲酸加氢反应过程中潜在的危险因素，掌握安全防护措施，具备相关事故应急处理能力。

二、实验原理

对苯二甲醇是一种重要的有机高分子中间体，能与具有 α 活泼氢的物质合成多种聚合物，可用于制备合成纤维、黏合剂、树脂、增塑剂等。目前，对苯二甲醇的生产主要有对苯二甲酸直接加氢法、对苯二甲酸酯化法及对二甲苯氯化水解法。对苯二甲酸酯化法是低级脂肪醇与对苯二甲酸酯化后再加氢，由于碳氧双键的空间位阻和弱极性使得羧酸酯加氢十分困难，并且存在反应路线长、副反应多等缺点。对二甲苯氯化水解法的反应路线长，副反应多，氯化反应对设备造成腐蚀且污染环境。对苯二甲酸直接加氢法的反应步骤少、过程简单，逐渐成为研究热点。

对苯二甲酸直接加氢制对苯二甲醇的反应中：

主反应：

$$\text{HO}_2\text{C}-\text{C}_6\text{H}_4-\text{CO}_2\text{H} + 4\text{H}_2 \longrightarrow \text{HOH}_2\text{C}-\text{C}_6\text{H}_4-\text{CH}_2\text{OH} + 2\text{H}_2\text{O}$$

主要副反应：

$$\text{HO}_2\text{C}-\text{C}_6\text{H}_4-\text{CO}_2\text{H} + 7\text{H}_2 \longrightarrow \text{HOH}_2\text{C}-\text{C}_6\text{H}_{10}-\text{CH}_2\text{OH} + 2\text{H}_2\text{O}$$

加氢过程中羧基加氢和苯环加氢存在相互竞争关系，生成 BDM 的同时，苯环还会发生加氢饱和生成 1,4-环己烷二甲醇副产物。因此，制备高选择性和高活性的催化剂，对于提高 BDM 的收率具有重要意义。

对苯二甲酸加氢制对苯二甲醇可采用活性炭负载的 Pd 为催化剂，Pd/C 催化剂的制备大多采用浸渍法，一般包括载体预处理、活性金属浸渍、还原和干燥等。各步的操作方式与条件影响着催化剂活性金属的含量、颗粒大小及分散度、催化剂表面结构及金属 Pd

在载体上的分布状况等,从而直接影响催化剂的活性。为此,需要探索活性金属 Pd 的负载方法、金属还原方法和添加剂等对 Pd/C 催化剂活性和选择性的影响。

催化剂评价条件的不同,如温度、压力、空速和原料浓度等都会影响催化剂的性能,因此在评价及筛选催化剂时,应在相同的工艺条件下进行,通过催化剂的评价来筛选出性能优良的催化剂并确定催化剂的最适宜制备方法和活性金属活化方式。

催化剂的性能主要取决于其化学组成和物理结构,催化剂中活性金属 Pd 的分散情况是描述负载型催化剂的一个重要参数。测定 Pd 的分散度的常用方法是氢气脉冲吸附法,其基本原理是基于氢气在 Pd 上的吸附理论。催化剂中 Pd 的分散度可以采用麦克公司 ASAP 2020 型全自动物理化学吸附仪进行表征。

三、预习与思考

1. 用于加氢催化的活性金属主要有哪些?
2. 催化剂制备过程中的影响因素主要有哪些?
3. 负载型催化剂的制备流程是什么?

四、实验装置与流程

1. 实验装置与流程

本实验的装置及流程如图 7-2-1 所示。

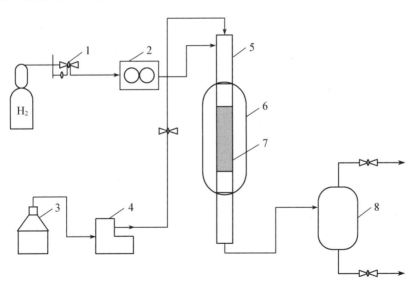

图 7-2-1　加氢流程示意图

1. 减压阀;2. 质量流量计;3. 原料储罐;4. 进料泵;
5. 反应器;6. 加热炉;7. 催化剂;8. 分离器

催化剂位于反应管恒温段,电热炉供热,催化剂经活化及预处理后,对苯二甲酸与氢气从反应管顶部连续进入,经催化剂床层进行加氢反应,产物进入分离器进行气液分离。

采用日本岛津公司 Shimadzu GC‐2014 型气相色谱仪对产物进行分析，FID 检测，DB-Wax 型毛细管柱(30 m×0.25 mm×0.25 mm)。

2. 试剂

氢气，对苯二甲酸。

五、实验步骤

1. 实验任务

根据对苯二甲酸反应制对苯二甲醇催化剂的性能要求，通过对 Pd/C 催化剂的制备方法进行研究，制备出 2—3 种不同系列的催化剂，通过对催化剂性能评价筛选出具有优异性能的催化剂，并对所制备的催化剂的工艺条件和结构进行研究和表征。

2. 方案设计

(1) 结合文献资料，确定催化剂制备及表征方案。

(2) 结合文献资料，确定催化剂评教方案和原料及产物的分析方法。

(3) 制定原始数据记录表及实验数据处理方法。

(4) 列出化学品安全技术说明书，针对催化剂制备和加氢反应，开展实验过程危险性分析，制定安全防护措施。

3. 操作步骤

(1) 催化剂制备

称取定量 $PdCl_2$ 溶液，以质量比 1∶1 加入纯水和乙二醇溶液，配成混合浸渍液；用 20 wt.% 的 Na_2CO_3 溶液调节浸渍液 pH=0.5,2.0,4.0,将预处理好的载体 C 在搅拌下快速加入到浸渍液中，90 ℃搅拌回流 8 h，冷却后抽滤、洗涤、烘干，将所制得的催化剂压片成型以后，并在 500 ℃焙烧后粉碎成 20—40 目的颗粒待用。

可以在浸渍过程中加入不同的螯合剂如乙二胺四乙酸钠、柠檬酸钠和草酸钠等对负载过程进行改进，制备得到不同系列的 Pd/C 催化剂。

(2) 催化剂活性评价

① 装置建立　按催化剂评价要求搭建好评价装置，连接好 H_2 管和液体加料管，并校正 H_2 和泵的流量。

② 催化剂装填　称取 2.0 g 20—40 目的 Pd/C 催化剂，与等体积的石英砂混合后装入反应器，装填时保证催化剂均匀并处于反应器的恒温区。装填完毕后，通入 N_2 检测装置的气密性。

③ 还原　反应开始前，通入 H_2 将 Pd/C 还原，考察不同还原温度(200—350 ℃)对 Pd 颗粒尺寸的影响。

④ 反应　还原完成后，将体系压力调至 1.5 MPa，再将温度设定至反应温度 210 ℃，待温度稳定后，调节 H_2 流量至设定值，并通入对苯二甲酸溶液，设置好流量，反应开始后，每隔 30 min 取样，采用气相色谱分析所得样品的组成。

通过改变反应温度、压力、原料浓度和空速等条件，考察不同工艺条件对催化剂性能的影响,确定最佳的工艺条件。

⑤ 停车　实验结束后,停止液体进料,继续用 H_2 吹扫 30 min,停止加热,降温至 80 ℃ 后关闭装置。

(3) 催化剂中 Pd 分散度测定

催化剂中 Pd 颗粒的分散度采用麦克公司 ASAP 2020 型全自动物理化学吸附仪进行表征。

六、实验数据记录与处理

1. 根据催化剂评价结果计算对苯二甲酸的转化率、对苯二甲醇的收率和选择性。

2. 比较不同催化剂中 Pd 颗粒的分散度,并将反应结果与 Pd 分散度进行关联,解释产生相关现象的原因。

3. 分析实验数据,对转化率、收率和选择性进行作图,比较不同催化剂的反应性能,筛选出最优的催化剂及其最佳的工艺条件,并讨论分析。

七、实验结果与讨论

1. 温度和压力如何影响催化剂的选择性?

2. 催化剂本身的哪些性质会影响产物的选择性和收率?

参考文献

[1] 牛梦龙. 煤焦油加氢处理工艺与转化机理[M]. 北京:中国石化出版社,2020.

[2] Jacinto Sa. 多相催化在燃料生产中的应用[M]. 北京:石油工业出版社,2019.

[3] 辛勤,罗孟飞,徐杰. 现代催化研究方法新编[M]. 北京:科学出版社,2018.

[4] 张火利,曹建亮,陈泽华. 新型贵金属催化剂的设计制备及加氢应用[M]. 长春:吉林大学出版社,2016.

[5] 尹云华,刁磊,柏永升. 对苯二甲酸加氢精制催化剂研究进展及应用[J]. 化工生产与技术. 2011, 18(5):44 - 48.

[6] 谈文芳. 炼油催化剂生产装置技术手册[M]. 北京:中国石化出版社,2016.

7.3 功能化吸附剂的制备及水中重金属吸附研究

一、实验目的

1. 通过对该选题进行资料查阅、方案设计、实验、结果分析等,让学生学到一套系统、完整的功能化吸附剂的制备以及用此吸附剂对水中重金属进行吸附研究。

2. 通过此项训练,提高学生的动手操作能力及综合运用所学知识的能力,培养学生独立思考、分析问题、解决问题的能力。

二、实验背景

重金属一般是指密度超过 $4.5\ g/cm^3$ 的一类金属,由于工业、农业、医疗等人类活动,导致重金属离子在环境中广泛分布。重金属离子主要包括 As、Hg、Cd、Pb、Cr 等生物毒性强的金属以及 Mn、Ni、Cu、Co、Sn、Zn 等毒性相对较弱的金属。随着现代工业的快速发展,采矿、冶金、电镀等排放的工业废水及人类生活产生的污水被排入水体造成的环境问题不可忽视。重金属污染治理难且生态环境恢复周期长,一旦造成严重的环境污染问题,会对生物生存及人类生活产生严重影响。

重金属污染的危害主要有以下三个方面:

(1) 重金属造成的污染持续时间长且污染范围广。水中重金属离子经过水解、络合、氧化、还原等物理化学作用,以简单离子或络合离子等形式存在或被水体中胶体、颗粒等吸附沉积,使其污染范围减小,但其形态会随温度、pH 的变化而变化,对环境造成深远且隐蔽的影响。例如无机汞在水体中会被生物吸收转化为毒性更强的甲基汞。土壤中的重金属离子还会抑制植物根部的生长,使植物叶片发黄、生长受阻甚至死亡,严重影响农业生产和人类生活。

(2) 重金属离子很难被生物降解且能通过食物链在生物体内富集,导致生物体慢性中毒,甚至死亡。

(3) 微量的重金属离子即具有毒性。一般情况下浓度约为 $1—10\ mg/L$ 的重金属离子即具有毒性,其中毒性较强的如汞、镉、砷等离子在浓度为 $0.01—0.1\ mg/L$ 即具有毒性。

重金属离子污染常见的是铅、镉、铜、铬等离子污染。其中,铅在水体中浓度大于 $0.16\ mg/L$ 时即会产生毒性,人体内正常的铅含量应该在 $0.1\ mg/L$,铅含量超标容易引起贫血、神经系统等疾病。镉在人体血液中的正常浓度应小于 $5\ ug/L$,镉含量在人体中主要积蓄在肾脏部位,镉含量超标易引起骨痛病(骨癌)、肾脏功能失调等疾病。铜是生命所必需的微量元素,水体中正常铜含量应小于 $0.1\ mg/L$,过量的铜会造成急性铜中毒、肝豆状核变性、儿童肝内胆汁淤积等病症,在我国海岸和港湾地区就曾发生过因铜污染造成牡蛎肉变绿的事件。铬具有多种氧化态,以铬(Ⅲ)和铬(Ⅵ)较为常见,其中微量的铬(Ⅲ)

对调节人体正常糖代谢、脂质代谢具有重要作用,但过量的铬(Ⅲ)也会造成人体抗氧化系统失常,易发生肿瘤等异常增生疾病。而铬(Ⅵ)毒性很大,少剂量的铬(Ⅵ)就可造成皮肤、呼吸道系统、消化系统的损害,严重的还会导致肾功能衰竭或是癌症等疾病。

近年来有关重金属造成的污染事件屡见不鲜。例如:2010 年杭州周边地区农田遭重金属污染事件,2011 年云南曲靖铬渣污染事件,2014 年湖南衡阳 300 余名儿童血铅超标事件,等等,都造成了非常严重的危害。因此,为了保护生态环境及人类社会的可持续发展,必须对重金属离子的排放和再利用采取行之有效的监管控制,与之相关的分离富集及检测技术亟待发展。

目前对重金属离子的处理方法主要有以下几种方法:

(1) 化学沉淀法,它是通过投入硫化剂或碱性沉淀剂使重金属离子生成氢氧化物或是硫化物沉淀的形式将其去除。此方法虽然简便但要投加大量的化学药品,且处理后的废水排放会造成二次污染。

(2) 电解法,它是通过电解反应使废水中的重金属离子在电极上发生氧化还原反应生成氢氧化物沉淀或者单质态金属进行处理的一种方法。电解法耗电量大且仅适合高浓度废水处理。

(3) 膜分离法,它是以压力、温度、电位差等动力使重金属离子透过具有选择性的分离膜进行去除的方法。

(4) 离子交换法,它是通过树脂上的可交换离子功能基团与重金属离子相交换来去除重金属离子。虽然交换树脂吸附速率快,但其吸附容量小且成本高,再生性能差。

(5) 吸附法,它是用吸附材料吸附分离重金属离子。吸附法的重点在于吸附材料的选择。吸附法具有操作简便、吸附剂可循环使用等优点。

结合目前对于处理重金属离子的吸附材料的研究,吸附法大致可以分为两种:直接吸附法和功能化改性材料吸附法。直接吸附法的吸附剂一般是利用活性炭、壳聚糖、树脂等无机或生物材料进行吸附分离;改性吸附法一般是利用功能基团进行材料改性来实现重金属离子的吸附分离,其中改性吸附法的应用较为普遍。

三、实验要求

1. 根据给定的实验题目,独立查阅有关文献资料,针对功能化吸附剂的制备以及对重金属的吸附写出不少于 3 000 字的综述文章。

2. 根据实验室所提供的实验条件,对功能化吸附剂的制备及水中重金属吸附研究拟定实验方案,其中包括基本流程的选定、产品的分析方法、所选试剂、仪器设备等,列出详细的所需药品和仪器清单提交指导教师。

3. 在教师指导下,独立完成实验,其内容包括:实验步骤、实验记录和实验数据处理过程,写出完整的实验报告。

4. 最后总结所有资料,写出一篇小论文。

5. 设计好的实验方案经实验室教师审阅批准后方可进行实验。

参考文献

[1] 华中师范大学,东北师范大学,陕西师范大学,北京师范大学. 分析化学实验[M]. 北京:高等教育出版社,2001.

[2] 方国女,王燕,周其镇. 大学基础化学实验 I[M]. 北京:化学工业出版社,2005.

[3] 张振宇. 化学实验技术基础Ⅲ[M]. 北京:化学工业出版社,1998.

[4] 北京大学化学系有机化学教研室. 有机化学实验[M]. 北京:北京大学出版社,1994.

7.4　天然产物中活性成分的提取分离及分析

一、实验目的

1. 通过对该选题进行资料查阅、方案设计、实验、结果分析等,让学生学到一套系统、完整的对天然产物中活性成分进行提取、分离和分析的方法。

2. 通过此项训练,提高学生的动手操作能力及综合运用所学知识的能力,培养学生独立思考、分析问题、解决问题的能力。

二、实验背景

天然产物是指动物、植物、昆虫、海洋生物和微生物体内的组成成分或其代谢产物以及人和动物体内许许多多内源性的化学成分,其中主要包括蛋白质、多肽、氨基酸、核酸、各种酶类、单糖、寡糖、多糖、糖蛋白、树脂、胶体物、木质素、维生素、脂肪、油脂、蜡、生物碱、挥发油、黄酮、糖苷类、菇类、苯丙素类、有机酸、酚类、内酯、甾体化合物、鞣酸类、抗生素类等天然存在的化学成分。

天然产物具有非常大的实用意义,涉及人类健康和日常生活的各个方面。当前,在世界范围内,形成了一股回归自然、热衷使用天然材料的潮流,天然化妆品也正是在这种潮流背景下应运而生并迅速发展起来的。其实,天然化妆品在我国有着悠久的历史,早在远古时代,我国就有了高度发达的医学,有着长期使用中草药材的宝贵经验;随着历史的发展,医学、药学、药理学有了长足的进步,逐渐积累并发展了以植物、草药、水果为主的治疗各种皮肤病以及养肤美容的经验,有些一直沿用至今。现在所指的天然化妆品,是运用现代科学技术,对植物、矿物或动物的有效成分进行提取,借助化妆品的基质配方研制成的一种新型化妆品。在这些化妆品中,包括中草药在内的植物性成分及其提取物占有较大的比例。同时,为了使天然化妆品具有一定的保存期,也必须添加一些低限量的防腐剂和杀菌剂。随着天然化妆品销售量的增长,被采用的天然植物、动物和矿物性材料不断增多,新产品也不断问世。

天然化妆品主要有两种:一种是间接美容的,即采用瓜果蔬菜的汁、蛋清、茶油、牛奶、蜂蜜、柠檬汁、橄榄油等,加入低量的防腐剂以便于长期保存,而不进行任何其他形式的再加工。根据材料的种类,或食用,或药用内服。另一种是起直接美容作用的。将植物性材料经过切细、掏碎、揉压、榨汁、榨油、干燥、煮沸、浸出、煎熬等物理加工,将得到的汁、液、油等提取物,加入低限量的防腐剂,以利长期保存和使用。用这种纯天然物质制成的材料,直接涂于面部、头部以及全身的皮肤。

化妆品中应用的植物活性成分包括:美白类植物提取物、抗衰老类植物提取物、保湿和修复皮肤类植物提取物、促进皮肤细胞新陈代谢和防晒类植物提取物。

天然产物中活性成分的提取分离是植物源化妆品生产过程中最为关键的环节之一,

近年来越来越多的新技术正逐步被采用。天然产物中活性成分的提取方法通常包括：溶剂法、水蒸气蒸馏法、吸附法、沉淀法、盐析法、透析法、升华法等，随着科学的不断发展，许多新方法相继出现，比如：超声波提取法、微波辅助提取法、超临界流体萃取法等。天然产物中活性成分的分离方法包括：大孔吸附树脂法、高速逆流色谱技术、双水相萃取技术、离心分馏萃取技术等。

三、实验要求

1. 根据给定的实验题目，独立查阅有关文献资料，写出不少于3 000字的综述文章。

2. 根据实验室所提供的实验条件，对天然产物中活性成分的提取分离及分析拟定实验方案，其中包括基本流程的选定、产品的检验分析方法、所选试剂、仪器设备等，列出详细的所需药品和仪器清单提交指导教师。

3. 在教师指导下，独立完成实验，其内容包括：实验步骤、实验记录和实验数据处理过程，写出完整的实验报告。

4. 最后总结所有资料，写出一篇小论文。

5. 设计好的实验方案经实验室教师审阅批准后方可进行实验。

参考文献

[1] 金小吾. 产品分析和专业实验[M]. 上海：上海科技普及出版社，1992.

[2] 刘约权，李贵深. 实验化学：下册[M]. 北京：高等教育出版社，2000.

[3] 侯曼玲. 食品分析[M]. 北京：化学工业出版社，2004.

7.5　桌面积木式工厂的搭建与运行

一、实验目的

1. 通过使用积木型仿真产品，搭建与运行桌面式积木工厂，联动实时展示工艺参数的动态变化，了解化工过程的工艺和控制系统的动态特性，提高对工艺过程的运行和控制能力。

2. 突破教学实践中时间、空间限制，提高学生的空间思维能力，把握二维三维空间的转化，培养学生的学习兴趣和实操动手能力，提高学生勇于思考、勇于创新的精神，调动学生学习的积极性和主动性。

二、实验背景

传统的化工实习是将学生带入生产性企业，请企业的生产师傅讲解理论和实践经验，但由于化工行业属于危险行业，为了不让学生的现场实习成为新的安全隐患。即使到了现场，学生也只能看、不能动，只能从表面上对企业的生产情况、工艺流程与设备性能形成感官认知，无法接触生产工程实际问题。因此通过建立桌面积木式工厂，实现亲手操作可解决以上问题。

一般工厂模型的建立原则有五点：相似性（模型与真实系统属性上相似）、切题性（模型只针对与研究目的有关的方面）、吻合性（对已知的数据应有合理的描述）、可辨识性（所有参数可以计算或估算得到）、简单性（在实用的前提下，模型越简单越好）。

化工积木系列是以真实工厂工艺为蓝本，借助智能技术、信息技术、大数据、互联网、云计算、物联网等技术开发的一款积木型、智能型的桌面式仿真产品，具有体积小、精度高、操作简单、工艺直观、组合自由、智能运算、携带方便等优点。同时通过积木仿真装置实时传输数据，展现工艺过程中的参数动态变化，后台与装置数据同步，实时显示操作细节及相关操作评分。

便携化：对环境要求低，占地面积小，220 V 常规供电即可运行，安全方便，后台数据无线传输，突破环境限制，移动更方便。

高还原：以真实工厂为蓝本，等比例缩放相关设备，参考标准数据，还原设备外观及构造。

可拆装：关键设备可以拆装，方便学习相关设备原理、构造等。

智能化：数据实时传输，与后台同步，仿照真实工厂DCS进行数据模拟，操作实时显示动态数据，反映真实的化工工艺过程。

积木模式免去了不少安全和污染隐患，提高了实践操作安全性。传统化工搭建耗资大，时间长，无法预测搭建后果，只能通过参观工厂来学习了解工厂的搭建与运行，无法做到真正动手操作。

作为一种新兴教学方式,化工积木在未来潜力巨大,对于疫情管控严峻的当下,无法开展大规模聚集性活动,在校内进行教学实践成为一种理想化学习方式。

借助桌面积木,可实现装置间的灵活拼接。短时间可完成一个标准工艺流程的硬件搭建。在工艺搭建过程中同步展现积木装置的硬件连接与平板电脑的软件显示。平板电脑搭载高精度动态工艺仿真平台,积木装置可与仿真平台进行实时数据交互。泵提供开关按钮,实时切换工作状态,阀门开度可手动调节,实时观测工艺数据联动变化、多种工艺包和多种正常操作与故障操作场景。

三、实验要求

1. 根据给定的实验题目,独立查阅有关文献资料,写出搭建桌面式积木的流程步骤以及搭建完成后的操作过程。

2. 根据实验室所提供的实验条件,严格按照实验室各项规章制度。实验时,首先要了解实验装置的主要性能、操作方法和注意事项,然后正确组装实验装置,经教师检查无误后方可进行投料、开阀门等操作。

3. 在教师指导下,独立完成实验,记录实验数据,分析实验中出现的现象及其因果,比较和实际工厂实验的区别,写出完整的实验报告。

4. 学生实验结束后,应清理好工作台面,将所用设备整理归位。

5. 总结实验资料,详细写出实验心得体会,交予教师查看。

6. 设计好的实验方案经实验室教师审阅批准后方可进行实验。

参考文献

[1] 刘光永.化工开发实验技术[M].天津:天津大学出版社,1994.
[2] 邱奎等.化工生产综合实训教程[M].北京:化学工业出版社,2016.
[3] 朱玉林,沈张迪.化工操作综合实训[M].北京:化学工业出版社,2014.